复合左右手传输线理论、实现及应用

安建　曾会勇　宗彬锋　王光明　张晨新　著

西北工业大学出版社

西　安

【内容简介】 本书以复合左右手传输线的传输特性和应用为研究对象,对基于不同实现方式的复合左右手传输线进行了深入的研究。本书主要包括复合左右手传输线基本理论、基于集总参数元件复合左右手传输线的实现及应用、基于分布参数效应复合左右手传输线的实现及应用、基于零阶谐振器的全向圆极化天线设计等内容。本书可以帮助微波工程技术人员了解和掌握复合左右手传输线的理论、实现及应用问题。

本书可供材料物理学、电磁学和光学等诸多领域的工程技术人员阅读、参考。

图书在版编目(CIP)数据

复合左右手传输线理论、实现及应用/安建等著
. —西安:西北工业大学出版社,2019.8
ISBN 978 - 7 - 5612 - 6518 - 5

Ⅰ.①复… Ⅱ.①安… Ⅲ.①传输线理论-研究
Ⅳ.①TN81

中国版本图书馆 CIP 数据核字(2019)第 182862 号

FUHE ZUOYOUSHOU CHUANSHUXIAN LILUN SHIXIAN JI YINGYONG
复 合 左 右 手 传 输 线 理 论 、实 现 及 应 用

责任编辑:朱辰浩　　　　　　　　策划编辑:杨　军
责任校对:张　潼　　　　　　　　装帧设计:李　飞
出版发行:西北工业大学出版社
通信地址:西安市友谊西路 127 号　　　邮编:710072
电　　话:(029)88491757,88493844
网　　址:www.nwpup.com
印 刷 者:兴平市博闻印务有限公司
开　　本:710 mm×1 000 mm　　　1/16
印　　张:9
字　　数:166 千字
版　　次:2019 年 8 月第 1 版　　　2019 年 8 月第 1 次印刷
定　　价:58.00 元

前　言

左手材料的研究涉及材料学、固体物理学、电磁学和光学等诸多领域,是当今学术界的一个研究热点,复合左右手传输线作为左手材料的一个重要分支受到了学术界的极大关注。复合左右手传输线概念的提出,不仅丰富了传统的传输线理论,更重要的是开启了人类自由控制传输线色散特性的大门,深深地改变了人们对传统微波器件的设计理念。可见,对复合左右手传输线展开系统的理论和应用研究具有重要意义。

复合左右手传输线的基本理论不同于传统传输线,有着显著的非线性色散关系。复合左右手传输线具有频带展宽、双频工作及零相移等特性。在深入研究复合左右手传输线特性的基础上,根据复合左右手传输线的电路拓扑结构,采用表面贴装技术集总参数元件直接替换电路拓扑中对应的元件来构建复合左右手传输线,过程简单、直观,实现起来较为容易,在数字移相器、双工器和功分器的设计中得以成功应用。

因为集总参数元件的自身谐振,基于集总参数元件实现的复合左右手传输线不能应用于高频领域,而采用分布参数效应实现的复合左右手结构能够很好地解决这个问题。分布参数结构除了交指电容、短路支节电感等比较直观的结构外,还有一类不太直观,但经过证明也具有复合左右手特性的结构,如逆开环谐振器。本书提出一种新型复合左右手传输线结构,在分析等效电路模型基础上,设计实现带通滤波器,具有较好的矩形度。深入研究一种耦合缺陷地结构的复合左右手效应,给出等效电路模型,并成功设计实现宽带正交功分器。

零阶谐振器虽然可以归于分布参数,但它的应用主要体现在天线设计上。零阶谐振器的谐振频率只和单元结构的参数有关,周期结构的零阶谐振器工作在零阶谐振模式时,其谐振频率也只取决于单元零阶谐振器的零阶谐振频率,而与结构的整个尺寸没有关系。本书重点分析蘑菇结构零阶谐振器的辐射特性,并提出一种新的全向圆极化天线设计方法,通过在蘑菇结构零阶谐振器的四周加载支节来实现全向圆极化。所设计的天线具有类似偶极子天线的辐射方向图,这类天线在近距离无线通信场合有着良好的应用前景。

　　本书的研究工作和出版得到了国家自然科学基金项目(项目编号：61701527,61372034,61601499)和陕西省自然科学基础研究计划(项目编号：2019JQ-583)的部分资助。

　　本书编写分工如下：曾会勇编写第 1 章，宗彬锋编写第 2 章，王光明编写第 3 章，张晨新编写第 4 章，安建编写第 5,6 章。

　　本书的撰写得到了空军工程大学和西北工业大学出版社的大力支持。在本书撰写过程中空军工程大学张晨新教授审阅了原稿，并提出了宝贵意见；屈绍波教授提供了很多资料，在此一并致谢。另外，在写作本书时，曾参阅了相关文献、资料，在此，谨向其作者深表谢忱。

　　由于笔者水平有限，书中难免有不妥之处，敬请广大同仁和读者批评指正。

著　者

2019 年 5 月

目　　录

第1章 绪 论

经典电磁理论中,介电常数 ε 和磁导率 μ 是描述均匀媒质电磁特性的两个最基本的宏观物理量。真空的介电常数 $\varepsilon_0 = 8.854 \times 10^{-12}$ F/m,磁导率 $\mu_0 = 4\pi \times 10^{-7}$ H/m。通常也用相对介电常数 $\varepsilon_r = \varepsilon/\varepsilon_0$ 和相对磁导率 $\mu_r = \mu/\mu_0$ 表征媒质的电磁特性,理论上 ε_r 和 μ_r 的符号均可正可负。根据 ε_r 和 μ_r 的符号,可将材料分为四类[1],如图 1-1 所示。

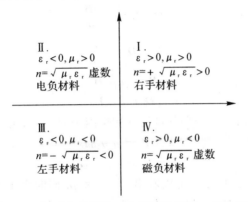

图 1-1 相对介电常数 ε_r 和相对磁导率 μ_r 的象限图

自然界中绝大多数材料位于第 I 象限,其 ε_r 和 μ_r 均大于 0,折射率 n 为正。当然,媒质的介电常数 ε 和磁导率 μ 会随着电磁波频率的变化而变化,它们对频率的依赖关系分别称为介电色散和磁导率色散。当频率接近于零时,媒质的 ε_r 和 μ_r 趋近于某个正值;当频率趋近于无穷大时,媒质的极化来不及对外场响应,结果使得 ε_r 和 μ_r 同时趋近于 1;当频率介于两者之间时,ε_r 和 μ_r 可能取任意值,包括正值或负值。如金属在低于等离子体谐振频率时 ε_r 为负,形成电负媒质,位于第 II 象限;而铁氧体在其铁磁谐振频率附近 μ_r 为负,形成磁负媒质,位于第 IV 象限[2]。电负媒质和磁负媒质的折射率 n 为虚数,这些媒质内传播的电磁波为倏逝波。第 III 象限中的媒质,$\varepsilon_r < 0$,$\mu_r < 0$,其折射率 n 为负,如同第 I 象限内的材料一样电磁波能在其中传播,但会表现出奇异的电磁学行为。传统的电动力学主要研究了第 I,II 和 IV 象限内材料的电磁波传播特性,而没有涉及第 III 象限内的材料。

　　然而,到目前为止自然界中依然没有发现 ε_r 和 μ_r 同时为负的媒质,对于这样一类媒质,苏联理论物理学家 Veselago 从理论的角度研究了它们的电动力学性质[1],并将之命名为"左手材料(Left-Handed Materials, LHM)",相应地,把 ε_r 和 μ_r 同时为正的材料称之为"右手材料(Right-Handed Materials, RHM)"。

1.1　左手材料的电磁特性

　　电磁波在无源、均匀、各向同性媒质中传播时,电场 $\boldsymbol{E}$ 和磁场 $\boldsymbol{H}$ 满足的麦克斯韦方程和介质本构关系为

$$\nabla \times \boldsymbol{E} = -\frac{\partial \boldsymbol{B}}{\partial t} \qquad (1-1a)$$

$$\nabla \times \boldsymbol{H} = \frac{\partial \boldsymbol{D}}{\partial t} \qquad (1-1b)$$

$$\boldsymbol{B} = \mu_r \mu_0 \boldsymbol{H} \qquad (1-2a)$$

$$\boldsymbol{D} = \varepsilon_r \varepsilon_0 \boldsymbol{E} \qquad (1-2b)$$

对于平面单色波来讲,每个场分量均有相位因子 $e^{j(\omega t - kz)}$,则[3]

$$\boldsymbol{k} \times \boldsymbol{E} = \mu_r \mu_0 \omega \boldsymbol{H} \qquad (1-3)$$

$$\boldsymbol{k} \times \boldsymbol{H} = -\varepsilon_r \varepsilon_0 \omega \boldsymbol{E} \qquad (1-4)$$

　　由式(1-3)和式(1-4)可以看出,当 ε_r 和 μ_r 同时大于零时,电磁波的波矢 $\boldsymbol{k}$、电场 $\boldsymbol{E}$ 和磁场 $\boldsymbol{H}$ 三者构成右手螺旋关系;而当 ε_r 和 μ_r 同时小于零时,三矢量构成左手螺旋关系。图 1-2 给出了平面电磁波在左手材料和右手材料中传播的示意图。由于电磁波能流的方向取决于坡印亭矢量 $\boldsymbol{S}$ 的方向,而 $\boldsymbol{S} = \boldsymbol{E} \times \boldsymbol{H}$,所以 $\boldsymbol{E}, \boldsymbol{H}$ 和 $\boldsymbol{S}$ 满足右手螺旋关系。因此,在左手材料中,$\boldsymbol{k}$ 和 $\boldsymbol{S}$ 反向平行,从而出现了一系列反常的电磁学和光学行为,如负折射效应、逆 Doppler 效应、逆 Cerenkov 辐射、逆 Goos-Hänchen 位移和完美透镜效应等。

　　1. 负折射效应

　　当单色平面波入射到两介质界面时就会发生反射和折射现象。由麦克斯韦方程组及在介质界面上电磁波矢量满足的连续性边界条件,即电磁波的电场矢量、磁场矢量在界面切线方向连续,而电位移矢量 $\boldsymbol{D} = \varepsilon \boldsymbol{E}$,磁感应强度 $\boldsymbol{B} = \mu \boldsymbol{H}$,在界面法线方向连续,可以得到如下关系式,即斯涅尔折射定律:

$$\frac{\sin\theta_i}{\sin\theta_t} = \frac{k_t}{k_i} = \frac{n_2}{n_1} \qquad (1-5)$$

也可写成

$$n_1 \sin\theta_i = n_2 \sin\theta_t \qquad (1-6)$$

表达式中的角标 i 表示入射电磁波，角标 t 表示折射电磁波。

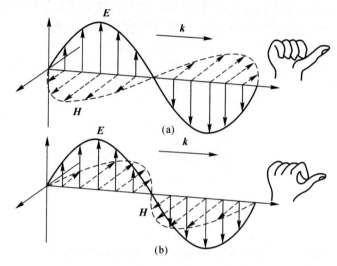

图 1-2　平面电磁波传播示意图

(a)在右手材料中；(b)在左手材料中

对于右手材料($\varepsilon > 0$, $\mu > 0$)，反射波和折射波位于界面法线两侧（角标 r 表示反射电磁波），且反射角等于入射角；入射波和折射波分别位于界面法线两侧，且折射角与入射角满足斯涅尔定律。该现象称为"正折射"，如图 1-3 所示。

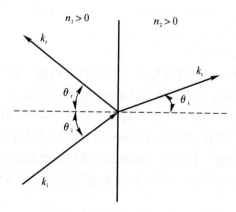

图 1-3　两种不同右手材料分界面处的折射示意图

当传统的右手材料($n_2>0$)被左手材料($n_2<0$)替代后,由于其折射率变为负值,为了满足电磁场在分界面处的连续性,其折射方向(折射角)将发生偏移,和电磁波的入射方向位于法线的同侧,这与传统的斯涅尔折射效应不同,称之为逆斯涅尔折射效应,也称为"负折射",如图1-4所示。

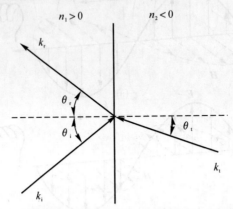

图1-4 右手材料和左手材料分界面处的斯涅尔折射示意图

2.逆 Doppler 效应

在右手材料中,波源和观察者如果发生相对移动,会产生 Doppler 效应。假定波源发射的电磁波的频率为 ω,当观测者以速度 v 向波源移动时,观测者所接收到的频率将升高;而如果观测者以速度 v 远离波源时,观测者所接收到的频率将降低。但在左手材料中,由于能量的传播方向与相位的传播方向相反,则当观测者以速度 v 向波源移动时,观测者所接收到的频率将降低;如果观测者以速度 v 远离波源时,观测者所接收到的频率将升高,这种现象称为"逆 Doppler 效应",如图1-5所示。

3.逆 Cerenkov 辐射

在真空中,匀速运动的带电粒子不会辐射电磁波。而当带电粒子在透明介质中匀速运动时会在其周围引起诱导电流,从而在其路径上形成一系列次波源,分别发出次波。当粒子速度 v 超过介质中光速 c/n 时,这些次波将互相干涉,从而辐射出电磁波,称为 Cerenkov 辐射。普通材料中,次波干涉后形成的波前,即等相位面是一个锥面。电磁波能量沿此锥面的法线方向辐射出去,是向前辐射的,形成一个向后的锥角,即能量辐射的方向与粒子运动方向夹角 θ,θ 由下式确定,有

$$\cos\theta = \frac{c}{nv} \qquad (1-7)$$

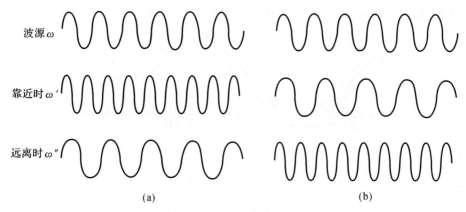

图 1-5　Doppler 效应示意图

（a）正常 Doppler 频移；（b）逆 Doppler 频移

当带电粒子在左手材料中运动的速度超过介质中的光速 c/n 时，由于相速度和群速度的方向相反，能量的传播方向与相速相反，因而辐射将背向粒子的运动方向发出，辐射方向形成一个向前的锥角，如图 1-6 所示。

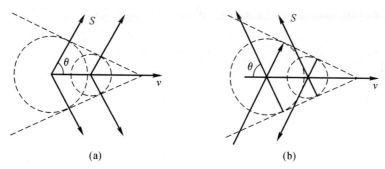

图 1-6　Cerenkov 辐射示意图

（a）正常 Cerenkov 辐射；（b）逆 Cerenkov 辐射

4. 逆 Goos-Hänchen 位移

当电磁波在两种介质的分界面处发生全反射时，反射波束在界面上相对于几何光学预言的位置有一个很小的侧向位移，且该位移沿电磁波传播的方向，称为 Goos-Hänchen 位移。Goos-Hänchen 位移的大小仅与两种介质的相对折射率 n_{21} 及入射电磁波方向 θ 有关。引起 Goos-Hänchen 位移的原因是电磁波并非由界面直接反射，而是在深入介质 2 的同时逐渐被反射，其平均反射面位于趋肤深度处。若介质 2 为左手材料，则该位移沿入射电磁波传播的反方向,称为"逆 Goos-Hänchen 位移"[4],如图 1-7 所示。

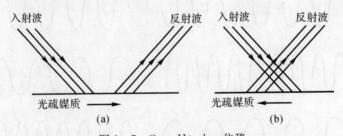

图 1-7　Goos-Hänchen 位移

(a)正常 Goos-Hänchen 位移;(b)逆 Goos-Hänchen 位移

1.2　国内外研究现状

根据 Veselago 的研究成果,左手材料具有很多新奇的电磁学和光学特性,但不得不承认的是自然界从来没有发现这样的物质,这一颠覆性的概念一直处于无人理睬的尴尬境地。直到英国科学家 Pendry 在 1996 年和 1999 年分别提出利用周期性的金属线阵列(Wires)可以实现负的介电常数[5],利用周期性的开环谐振器(Split Ring Resonator,SRR)能够实现负磁导率[6],Veselago 的开拓性工作才再次引起了各国科学家的关注。2000 年和 2001 年,美国科学家 Simith 等人根据 Pendry 等人的研究成果,利用以铜为主的复合材料首次制造出在微波频段具有负介电常数和负磁导率的左手材料[7-8],如图 1-8 所示。

图 1-8　由金属开环谐振器加金属线阵列构成的左手材料

　　他们使一束微波射入由金属开环谐振器加金属线阵列构成的人工介质，透射的微波以负角度偏转，从而证明了 Veselago 所预言的负折射率的存在。这篇文章发表在 2001 年《科学》杂志上[8]。左手材料的发现被《科学》杂志评为 2003 年科学十大进展之一。此后，左手材料成为物理学界和电磁学界研究的热点，国内外学术界关于此问题的理论、实验和应用研究十分活跃、深入。左手材料的研究突破了传统电磁场理论中的一些重要概念[9-10]，人们在多个波段（微波、T 赫兹、光波等）对这种新型的人造材料进行各种研究。

　　当前，国际上对左手材料的研究主要分为理论研究和实验与应用研究两大部分。

1.2.1　理论研究

　　现代科学技术的发展往往是以理论为先导，左手材料作为一个新的研究领域也不例外。在 Veselago，Pendry 和 Simith 等人的开拓性工作之后，国内外的许多科研工作者对左手材料展开了理论研究[11-50]。

　　电磁波在左手材料中的传输特性一直是研究的热点，Xiang 等人[13] 和 Shen 等人[14] 研究了左、右手材料界面处的传输和反射特性。Moss 等人计算了左手材料中传输场的相位变化和用该左手材料做成的棱镜的折射特性[19]。Markoš 等人分别研究了左手材料和开环谐振器的传输谱特性，发现其传输峰值由金属材料介电常数 ε 的虚部、结构厚度、单元尺寸等因素决定，而开环谐振器的谐振频率则随着金属环结构参数的变化而变化[20]。董正高用电负-磁负材料层状模型解释了开环谐振器加金属线阵列复合材料作为左手材料的物理机理[21]。Feng 等人用传输线模型研究了左手材料中电磁波传输和磁响应饱和现象[22]。Agranovich 提出运用电场强度 $\boldsymbol{E}$、电位移矢量 $\boldsymbol{D}$、磁感应强度 $\boldsymbol{B}$ 来描述线性和非线性波在左手材料中的传输特性[23]。Zharov 则研究了左手材料的非线性[24]。Alù 等人分析了用任意两个右手材料、左手材料、电负材料、磁负材料构成的波导的特性、优点及其应用[28]。Wang 等人通过对正负折射率周期交替的波导分析，给出了 TM 模的色散关系，得出波数、群速度、能流随频率和波导尺寸的变化关系，依此可通过调整上述参数来设计更适用的波导器件[30]。

　　关于电磁波在左手材料中的能量损耗问题，Cui 等人研究了有耗左手材料中的电磁波和倏逝波传播现象，发现在损耗不大时，左手材料对倏逝波具有放大作用[31]。Simovski 指出金属开环谐振器与金属线阵列的相互作用也会造成一定的损耗[33]。Gollub 等人指出微波场与表面等离子体的耦合会使其反射峰有轻微下降[34]。此外,金属材料本身的损耗也不可忽视。理论研究发现,将磁性金属纳米颗粒注入到一定的绝缘基体中,通过控制其中磁性金属颗粒的磁化方向和空间比,可以实现损耗较小的左手材料[35]。赵乾等人对不同左手材料结构中的缺陷效应进行了详细研究[36],其结果对于电磁参量可调控左手材料的实现有重要的指导意义。Zhao 等人用 FDTD 法研究了左手材料的光学特性[37],文献[43-47]分别给出了左手材料等效电磁参数的提取。

1.2.2　实验与应用研究

实验和应用研究是新事物、新技术发展的另一个重要方面,是和理论研究相辅相成、相互促进的。左手材料的实验和应用研究同样得到了研究人员的重视,不断向广度和深度发展。左手材料的实验和应用研究主要分为两部分,一是开环谐振器及其衍生结构的研究;二是复合左右手(Composite Right/Left-Handed,CRLH)传输线的研究。

1. 开环谐振器及其衍生结构

Smith 教授等人[7-8]提出了开环谐振器加金属线阵列的左手材料,开创了左手材料实验与应用研究的先河,之后国内外的许多学者对这一结构进行了更为深入的研究[51-57],并开始探索新的结构形式以及由这些结构实现的左手材料的电磁特性[58-72]。Ran 等人利用热压技术制成了 Ω 形谐振单元的左手材料,并通过能量传输、棱镜折射、光束位移等实验证明了该结构的负折射特性[58-61]。Chen 等人提出了 S 形谐振单元的左手材料,把负介电常数的频带降低到负磁导率的频带使其重合而产生负折射,并通过仿真和实验验证了其负折射特性[62-63],在此基础上设计的砖墙结构在 6 GHz 的微波频段表现出了"左手"特性[64]。Schurig 等人提出了 ELC 结构来实现负的介电常数[67],并在此基础上设计出了微波频段的"隐身大衣"[68-70]。其他形式的开环谐振器衍生结构还有 Baena 等人所提出的开环谐振器内外环连接的新螺旋形结构,使得单元结构的尺寸能做得更小[71],Yao 等人提出的相交裂环结构,可以构成二维各向同性左手材料[72]等。

对于块状左手材料的设计与实现,也有部分学者不采用开环谐振器或其衍生结构,而是根据固体物理中的掺杂思想,将不同材质的材料均匀混在一起而得到左手材料,如 Holloway 等人把球形金属粒子埋入介质中实现了负折射,并用散射理论对此予以解释,该结构制作简单而且可以看成是各向同性的[73]。Vendik 等人用两种不同半径的高介电常数(高磁导率)球形介质粒子构成了三维各向同性左手材料[74]。

2. 复合左右手传输线

基于开环谐振器及其衍生结构的左手材料采用的是金属谐振结构，往往具有频带窄、损耗大、色散强烈、难以加工等缺点，因而在工程实践中加以运用尚需时日，为使这类结构的左手材料具有实用价值，仍需做大量的研究工作。于是，人们转向左手材料的另一种实现方式——传输线型左手材料。Eleftheriades[75-80]，Oliner[81-82]和 Itoh[83-88]等人提出了研究左手材料的传输线法，该方法以 L-C 等效电路模型为基础，由于该等效结构是由传统的传输线电路模型的对偶电路获得，而不是一个金属材料的谐振模型，故该模型较早先提出的金属谐振模型具有左手频带宽和损耗小等优点。传输线法可用于研究一维[84]、二维[77]和三维[89]左手材料，应用最多的还是一维左手材料的分析和设计。Caloz[90-93]对这一方法进行了系统的理论分析和初步的应用探索，总结了理想传输线型左手材料（左手传输线）的特点，与传统传输线（右手传输线）进行了比较，首次引入复合左右手传输线的概念，进一步完善了传输线理论。图1-9 所示为三类传输线在理想情况下的线元等效电路模型。

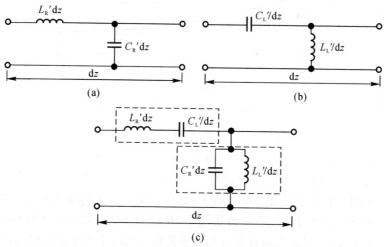

图 1-9 三类理想传输线的等效电路模型
(a)右手传输线；(b)左手传输线；(c)复合左右手传输线

复合左右手传输线兼有左手传输线和右手传输线的特点，具有两个传输通带，在较低频带时电磁波在其中传播的相速度与群速度方向相反，表现出左手特性，相位不断超前；而在较高频带时则表现出右手传输线的特性，相位不断滞后。复合左右手传输线具有双曲-线性色散关系，如图1-10 所示，其中实线表示的是平衡情况下复合左右手传输线的色散曲线，此时其左手通带和右手通带是连接在一起的,二者中间有一个相位常数 β 为零的频点;虚线代表的是非平衡情况下复合左右手传输线的色散曲线,此时其左手通带和右手通带之间存在一个不支持传播模的"禁带"。无论是平衡或者非平衡的复合左右手传输线,在其本身的两个通频带内其传输损耗都比较小,因而能够很好地应用于微波和毫米波器件的制作。目前,国内外的科研人员正在采用不同的方法来改进原有的结构或设计新的结构,以便能更好地应用到微波和毫米波系统中去[94-129]。

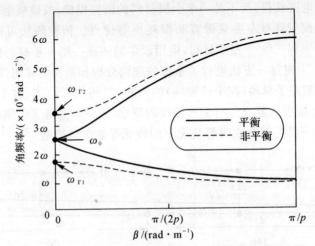

图 1-10 平衡和非平衡的复合左右手传输线的色散关系

现在对微波器件设计方面的一些代表性工作作下述总结:

Lin 等人提出了采用复合左右手传输线来制作任意双频带器件,比如分支线耦合器和混合环[94]。普通的分支线耦合器第一个通带的中心频率和下一个通带的中心频率具有三倍频的关系,这是由于右手传输线具有线性色散关系的缘故。引入复合左右手传输线后,在其工作频带内频率和传播常数成非线性的关系,通过适当设计复合左右手传输线结构中各参数的取值,就能够使新型的分支线耦合器的两个通频带的位置具有可调节性,也就是通带中心频率不必满足三倍关系,可以根据需要进行配置。

Okabe 根据左手传输线的相位超前特性,用一段 1/4 波长的左手传输线替换混合环电路中的 3/4 波长的右手传输线,极大地缩小了混合环电路的尺寸,不仅如此,由于左手传输线的非线性色散关系,使得它的相位随频率的变化较右手传输线小得多,所以新的混合环较传统的混合环具有更宽的带宽[97]。

　　Horii 则利用 PCB 制作工艺实现了一种多层复合左右手传输线结构,并采用该结构制作了工作频率为 1 GHz 和 2 GHz 的尺寸非常紧凑的双工器[100]。

　　Mao 等人基于共面波导构造了宽带复合左右手传输线,可用于设计具有任意相位差的 T 形功分器,基于这种新结构的 180°T 形功分器用作渐变环天线的馈电装置,和传统的 180°延迟线馈线相比,复合左右手传输线 180°T 形功分器具有更宽的工作带宽和更小的尺寸[101]。

　　Marta Gil 等人将开环谐振器图案刻蚀在微带地板上,称之为逆开环谐振器(Complementary Split Ring Resonator, CSRR),使等效介电常数变为负值,同时在导带上开槽,使等效磁导率也变为负值,这样就构成一种新的复合左右手传输线结构,用于滤波器设计,实现了小型化和宽带工作[106]。

　　现在对天线设计方面的一些代表性工作作下述总结:

　　Lim 和 Caloz 等人在复合左右手传输线中引入变容器件,利用漏波原理制作了基于传输线漏波模的漏波天线[111],通过电压控制构成复合左右手传输线的变容器件,可以改变传输线中存在的漏波模的模式,从而使天线的波束能够在 180°的空间范围内来回扫描,因而具有很高的应用价值。

　　Sanada 等人利用复合左右手传输线零阶谐振的特性,提出了谐振性能非常强的零阶谐振天线[112]。与普通微带贴片天线不同,这种天线的谐振频率与波长无关,只取决于构成天线的复合左右手传输线中左手部分和右手部分的参数配置,因而可以制作得非常紧凑。

　　Zhang 等人采用交指电容和过孔接地电感设计了复合左右手传输线,并将之用做串馈微带天线阵列的馈线,由于复合左右手传输线的尺寸比传统微带馈线的尺寸小,因而损耗小,天线的增益得到提高,同时消除了传统的串馈微带天线阵列固有的方向图偏移[117]。

第2章 复合左右手传输线基本理论

传输线理论又称一维分布参数电路理论,是微波电路设计和计算的理论基础。传输线理论在电路理论与电磁场理论之间起着桥梁作用,在微波网络分析中也相当重要。传输线方程是传输线理论的基本方程,是描述传输线上的电压、电流变化规律及其相互关系的微分方程。复合左右手传输线是一个新概念,它和传统传输线既有联系又有区别。复合左右手传输线的非线性色散关系及其相位常数可在实数域内任意取值,使得它具有了一些传统传输线所不具备的特性。

2.1 右手传输线

右手传输线理论就是传统意义上的传输线理论[130],图2-1所示为右手传输线线元 dz 的集总参数等效电路及其电压、电流定义。

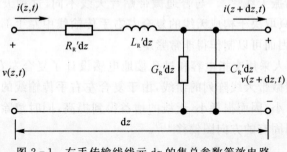

图 2-1 右手传输线线元 dz 的集总参数等效电路

图 2-1 所示的右手传输线线元 dz 的集总参数等效电路,按照泰勒级数(Taylor's series)展开,忽略高次项,有

$$v(z + dz, t) = v(z, t) + \frac{\partial v(z, t)}{\partial z} dz \qquad (2-1)$$

$$i(z + dz, t) = i(z, t) + \frac{\partial i(z, t)}{\partial z} dz \qquad (2-2)$$

则线元 dz 上的电压、电流的变化为

$$v(z,t) - v(z+\mathrm{d}z,t) = -\frac{\partial v(z,t)}{\partial z}\mathrm{d}z \qquad (2-3)$$

$$i(z,t) - i(z+\mathrm{d}z,t) = -\frac{\partial i(z,t)}{\partial z}\mathrm{d}z \qquad (2-4)$$

应用基尔霍夫定律(Kirchhoff's law),可得

$$-\frac{\partial v(z,t)}{\partial z}\mathrm{d}z = R'_R \mathrm{d}z i(z,t) + L'_R \mathrm{d}z \frac{\partial i(z,t)}{\partial t} \qquad (2-5)$$

$$-\frac{\partial i(z,t)}{\partial z}\mathrm{d}z = G'_R \mathrm{d}z v(z,t) + C'_R \mathrm{d}z \frac{\partial v(z,t)}{\partial t} \qquad (2-6)$$

即

$$\frac{\partial v(z,t)}{\partial z} = -R'_R i(z,t) - L'_R \frac{\partial i(z,t)}{\partial t} \qquad (2-7)$$

$$\frac{\partial i(z,t)}{\partial z} = -G'_R v(z,t) - C'_R \frac{\partial v(z,t)}{\partial t} \qquad (2-8)$$

此即一般传输线方程,又称电报方程(Telegraph Equation),是一对偏微分方程,式中的 v 和 i 既是空间(距离 z)的函数,又是时间 t 的函数。其解析解的严格求解不可能,一般只能作数值计算,作各种假定之后,可求其解析解。

对于时谐均匀传输线,方程中的分布参数 R'_R、L'_R、C'_R 和 G'_R 不随位置的变化而变化,此时电压和电流可以用角频率 ω 的复数交流形式表示为

$$v(z,t) = \mathrm{Re}\{V(z)\mathrm{e}^{\mathrm{j}\omega t}\} \qquad (2-9)$$

$$i(z,t) = \mathrm{Re}\{I(z)\mathrm{e}^{\mathrm{j}\omega t}\} \qquad (2-10)$$

代入式(2-7)和式(2-8)可得时谐传输线方程为

$$\frac{\mathrm{d}V(z)}{\mathrm{d}z} = -(R'_R + \mathrm{j}\omega L'_R)I(z) = -Z'_R I(z) \qquad (2-11)$$

$$\frac{\mathrm{d}I(z)}{\mathrm{d}z} = -(G'_R + \mathrm{j}\omega C'_R)V(z) = -Y'_R V(z) \qquad (2-12)$$

式中

$$Z'_R = R'_R + \mathrm{j}\omega L'_R \qquad (2-13)$$

$$Y'_R = G'_R + \mathrm{j}\omega C'_R \qquad (2-14)$$

分别称为传输线单位长度的串联阻抗和并联导纳。

传输线上行波的电压与电流之比定义为传输线的特性阻抗,用 Z_0^R 表示,则

$$Z_0^R = \sqrt{Z'_R/Y'_R} = \sqrt{(R'_R + \mathrm{j}\omega L'_R)/(G'_R + \mathrm{j}\omega C'_R)} \qquad (2-15)$$

对于无耗右手传输线,$R'_R = G'_R = 0$,Z_0^R 简化为

$$Z_0^R = \sqrt{L'_R/C'_R} \qquad (2-16)$$

传播常数 γ_R 是描述导行波沿导行系统传播过程中的衰减和相位变化的参数,通常为复数,有

$$\gamma_R = \sqrt{Z'_R Y'_R} = \sqrt{(R'_R + j\omega L'_R)(G'_R + j\omega C'_R)} = \alpha_R + j\beta_R \qquad (2-17)$$

式中,α_R 为衰减常数,单位为 dB/m 或 Np/m(1 Np/m=8.686 dB/m);β_R 为相位常数,单位为 rad/m。对于无耗情况,传播常数 γ_R 可简化为

$$\gamma_R = j\beta_R = j\omega \sqrt{L'_R C'_R} \qquad (2-18)$$

右手传输线上导行波的相速度和群速度分别为

$$v_p = \frac{\omega}{\beta_R} = \frac{1}{\sqrt{L'_R C'_R}} > 0 \qquad (2-19)$$

$$v_g = \frac{\partial \omega}{\partial \beta_R} = \frac{1}{\sqrt{L'_R C'_R}} > 0 \qquad (2-20)$$

2.2 左手传输线

由于左手传输线中分布参数是右手传输线中分布参数的对偶,根据对偶原理,将传统右手传输线等效电路模型中的串联阻抗和并联导纳相互交换后,得到图 2-2 所示的左手传输线对偶等效电路模型[77-79,81,83-84,86]。可以根据传统的右手传输线的分析方法来分析左手传输线。图 2-2 所示为左手传输线线元 dz 的集总参数等效电路及其电压、电流定义。

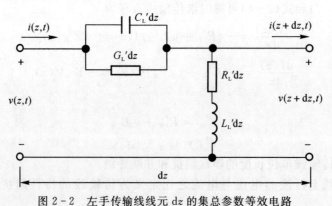

图 2-2 左手传输线线元 dz 的集总参数等效电路

若将左手传输线的串联导纳和并联阻抗分别等效成串联阻抗和并联导纳,则可以根据右手传输线的时谐传输线方程,写出左手传输线的时谐传输线方程:

$$\frac{dV(z)}{dz} = -\frac{G'_L - j\omega C'_L}{G'^2_L + \omega^2 C'^2_L} I(z) = -Z'_L I(z) \qquad (2-21)$$

$$\frac{dI(z)}{dz} = -\frac{R'_L - j\omega L'_L}{R'^2_L + \omega^2 L'^2_L} V(z) = -Y'_L V(z) \qquad (2-22)$$

式中

$$Z'_L = \frac{G'_L - j\omega C'_L}{G'^2_L + \omega^2 C'^2_L} \qquad (2-23)$$

$$Y'_L = \frac{R'_L - j\omega L'_L}{R'^2_L + \omega^2 L'^2_L} \qquad (2-24)$$

分别为左手传输线单位长度的等效串联阻抗和等效并联导纳。

左手传输线的特性阻抗 Z_0^L 和电压传播常数 γ_L 分别定义为

$$Z_0^L = \sqrt{\frac{Z'_L}{Y'_L}} = \sqrt{\frac{(G'_L - j\omega C'_L)(R'^2_L + \omega^2 L'^2_L)}{(R'_L - j\omega L'_L)(G'^2_L + \omega^2 C'^2_L)}} \qquad (2-25)$$

$$\gamma_L = \sqrt{Z'_L Y'_L} = \sqrt{\frac{(G'_L - j\omega C'_L)(R'_L - j\omega L'_L)}{(G'^2_L + \omega^2 C'^2_L)(R'^2_L + \omega^2 L'^2_L)}} = \alpha_L + j\beta_L \quad (2-26)$$

式中，α_L 为衰减常数；β_L 为相位常数。

对于无耗左手传输线，$R'_L = G'_L = 0$，特性阻抗 Z_0^L 和电压传播常数 γ_L 可简化为

$$Z_0^L = \sqrt{L'_L / C'_L} \qquad (2-27)$$

$$\gamma_L = j\beta_L = -j\frac{1}{\omega\sqrt{L'_L C'_L}} \qquad (2-28)$$

左手传输线上导行波的相速度和群速度分别为

$$v_p = \frac{\omega}{\beta_L} = -\omega^2\sqrt{L'_L C'_L} < 0 \qquad (2-29)$$

$$v_g = \frac{\partial\omega}{\partial\beta_L} = \omega^2\sqrt{L'_L C'_L} > 0 \qquad (2-30)$$

由式(2-29)和式(2-30)可以直观地看出，相速和群速在图 2-2 所示的结构中是反向平行的。相速与相位传播方向(波矢量 β_L)有关，为负；而群速与能流方向(坡印亭矢量)有关，为正。这正是左手传输线所具有的特性。

由式(2-18)和式(2-28)可以看出，左手传输线的相位常数与右手传输线的相位常数符号相反，也就是说，右手传输线的等相位面背着源的方向传播，而左手传输线的等相位面向着源的方向传播；随着传输线的延长或级数的增加，右手传输线的相位是不断滞后的，而左手传输线的相位是不断超前的，这正是二者的不同之处。

2.3　复合左右手传输线

　　由电磁场理论可知,当电磁波通过传输线时会产生分布参数效应。实际上,纯左手传输线结构是不存在的,因为实际结构中不可避免地存在寄生串联电感和并联电容所产生的右手效应,寄生电容是由于存在电压梯度产生的,寄生电感是由于电流沿金属化方向的流动产生的。当电流流过 C_L 时产生磁通量,因而存在串联分布电感 L_R;由于 L_L 与地之间有电压,于是存在并联分布电容 C_R,可见,理想的左手传输线并不存在。而且,在很多的应用场合需要把左手传输线和右手传输线综合起来使用,从而满足设计的需要,这就提出了复合左右手传输线的概念[93]。由此,可以通过图 2-3 所示的等效电路图来分析复合左右手传输线,这里假定复合左右手传输线是理想的。等效电路模型包括一个串联电容 C'_L 以及与之串联的电感 L'_R 和一个并联电感 L'_L 以及与之并联的电容 C'_R。

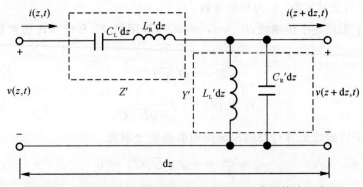

图 2-3　复合左右手传输线线元 dz 的集总参数等效电路

　　根据 2.1 节和 2.2 节的分析,可以直接写出复合左右手传输线的时谐传输线方程为

$$\frac{dV}{dz} = -Z'I = -j\omega\left(L'_R - \frac{1}{\omega^2 C'_L}\right)I \qquad (2-31)$$

$$\frac{dI}{dz} = -Y'V = -j\omega\left(C'_R - \frac{1}{\omega^2 L'_L}\right)V \qquad (2-32)$$

式中

$$Z' = j\left(\omega L'_R - \frac{1}{\omega C'_L}\right) \qquad (2-33)$$

$$Y' = \mathrm{j}(\omega C'_\mathrm{R} - \frac{1}{\omega L'_\mathrm{L}}) \qquad (2-34)$$

分别为复合左右手传输线单位长度的串联阻抗和并联导纳。

传输线的传播常数 γ 定义为

$$\gamma = \alpha + \mathrm{j}\beta = \sqrt{Z'Y'} \qquad (2-35)$$

因为只考虑理想情况,所以 $\alpha=0$。推得复合左右手传输线的色散关系为

$$\beta(\omega) = s(\omega)\sqrt{\omega^2 L'_\mathrm{R}C'_\mathrm{R} + \frac{1}{\omega^2 L'_\mathrm{L}C'_\mathrm{L}} - (\frac{L'_\mathrm{R}}{L'_\mathrm{L}} + \frac{C'_\mathrm{R}}{C'_\mathrm{L}})} \qquad (2-36)$$

式中

$$s(\omega) = \begin{cases} -1, \omega < \omega_{\Gamma 1} = \min(\dfrac{1}{\sqrt{L'_\mathrm{R}C'_\mathrm{L}}}, \dfrac{1}{\sqrt{L'_\mathrm{L}C'_\mathrm{R}}}) \\[4mm] +1, \omega > \omega_{\Gamma 2} = \max(\dfrac{1}{\sqrt{L'_\mathrm{R}C'_\mathrm{L}}}, \dfrac{1}{\sqrt{L'_\mathrm{L}C'_\mathrm{R}}}) \end{cases} \qquad (2-37)$$

式(2-36)中的相位常数 β 可以是纯实数或纯虚数,取决于被开方数是正数还是负数。在 β 是纯实数的频率范围,存在通带;相反,在 β 是纯虚数的频率范围,则存在阻带。阻带是复合左右手传输线的突出特性,对理想的右手传输线或左手传输线来讲是不存在的。图 2-4(a)(b)(c)所示分别为右手传输线、左手传输线和复合左右手传输线的色散曲线图,即 ω-β 图[91]。这些传输线的群速($v_\mathrm{g}=\mathrm{d}\omega/\mathrm{d}\beta$)和相速($v_\mathrm{p}=\omega/\beta$)可以在色散图上找到。对于右手传输线来说,群速 v_g 和相速 v_p 相互平行($v_\mathrm{g}v_\mathrm{p}>0$),而对于左手传输线而言,群速 v_g 和相速 v_p 是反向平行的($v_\mathrm{g}v_\mathrm{p}<0$)。复合左右手传输线的色散曲线表明,它具有一个左手区域($v_\mathrm{g}v_\mathrm{p}<0$)和一个右手区域($v_\mathrm{g}v_\mathrm{p}>0$)。图 2-4(c)也表明,当 γ 是纯实数时,复合左右手传输线出现阻带。一般情况下,复合左右手传输线的串联和并联谐振是不同的,此称之为非平衡情形;但当串联谐振与并联谐振相等时,即

$$L'_\mathrm{R}C'_\mathrm{L} = L'_\mathrm{L}C'_\mathrm{R} \qquad (2-38)$$

在给定的频率上,左手部分的影响和右手部分的影响严格平衡,此称之为平衡情形,式(2-38)称为平衡条件。

平衡条件下,复合左右手传输线线元 $\mathrm{d}z$ 的集总参数等效电路可以简化为图2-5所示的简单电路,称之为复合左右手传输线的解耦,这样,复合左右手传输线中的左手部分和右手部分就可以单独分析和设计。平衡条件下,复合左右手传输线的相位常数可以写成

$$\beta = \beta_R + \beta_L = \omega \sqrt{L'_R C'_R} - \frac{1}{\omega \sqrt{L'_L C'_L}} \qquad (2-39)$$

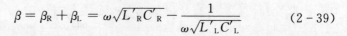

图 2-4 传输线的色散关系

(a)右手传输线；(b)左手传输线；(c)复合左右手传输线

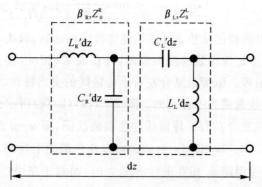

图 2-5 解耦后的复合左右手传输线线元 dz 的集总参数等效电路

式(2-39)中，复合左右手传输线的相位常数分成右手传输线相位常数 β_R 和左手传输线相位常数 β_L。随着频率的增加，复合左右手传输线的色散也增加，因为相速($v_p = \omega/\beta$)更加依赖于频率，这也说明复合左右手传输线具有双重特性，在低频段左手性占优，表现为左手传输线；在高频段右手性占优，表现为右手传输线。图 2-6 所示为平衡条件下复合左右手传输线的色散曲线，左手区域和右手区域的过渡出现在：

$$\omega_0 = \frac{1}{\sqrt[4]{L'_R C'_R L'_L C'_L}} = \frac{1}{\sqrt{L'_R C'_L}} \qquad (2-40)$$

式中，ω_0 称为过渡频率，对于平衡情形，复合左右手传输线的左手区域到右手区域存在无缝过渡，其色散曲线没有阻带。虽然在 ω_0 处相位常数 β 为零，相当于有无限的导波波长($\lambda_g = 2\pi/|\beta|$)，但群速 v_g 为非零量，能量的传播依然

存在。此外,长度为 d 的复合左右手传输线其相移在 ω_0 处是零($\varphi = -\beta d =$ 0),在左手频率范围($\omega < \omega_0$),相位超前($\varphi > 0$);在右手频率范围($\omega > \omega_0$),相位滞后($\varphi < 0$)。

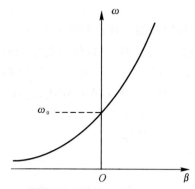

图 2-6　平衡条件下复合左右手传输线的色散曲线

复合左右手传输线的特性阻抗定义如下:

$$Z_0 = \sqrt{Z'/Y'} = Z_L \sqrt{\frac{L'_R C'_L \omega^2 - 1}{L'_L C'_R \omega^2 - 1}} \xrightarrow{\text{平衡状态下}} Z_0 = Z_L = Z_R$$

$$(2-41)$$

$$Z_L = \sqrt{L'_L / C'_L} \tag{2-42}$$

$$Z_R = \sqrt{L'_R / C'_R} \tag{2-43}$$

式中,Z_L 和 Z_R 分别是左手传输线和右手传输线的阻抗。平衡条件下复合左右手传输线的特性阻抗与频率无关,见式(2-41),因此可以在宽频带内匹配。

复合左右手传输线的特征参数可以和材料的基本电磁参数相关。如复合左右手传输线的传播常数 $\gamma = j\beta = \sqrt{Z'Y'}$,而材料的传播常数 $\beta = \omega \sqrt{\mu\varepsilon}$,则有

$$-\omega^2 \mu\varepsilon = Z'Y' \tag{2-44}$$

式(2-44)使材料的介电常数和磁导率与复合左右手传输线等效模型的阻抗和导纳发生关系,即

$$\mu = \frac{Z'}{j\omega} = L'_R - \frac{1}{\omega^2 C'_L} \tag{2-45}$$

$$\varepsilon = \frac{Y'}{j\omega} = C'_R - \frac{1}{\omega^2 L'_L} \tag{2-46}$$

类似地,复合左右手传输线的特性阻抗($Z_0 = \sqrt{Z'/Y'}$)可以和材料的固有阻抗($\eta = \sqrt{\mu/\varepsilon}$)发生关系,即

$$Z_0 = \eta \quad \text{或} \quad Z'/Y' = \mu/\varepsilon \tag{2-47}$$

2.4 基于 L-C 单元的复合左右手传输线

均匀的复合左右手传输线结构在自然界并不存在,但在一定频率范围内,若导波波长比结构的不连续大得多,可以认为传输线确实是均匀的。通过周期形式的级联 L-C 单元,如图 2-7(a)所示,可以构建长度为 d 的均匀复合左右手传输线,需要注意的是复合左右手传输线的实现并非一定要求周期性,选用周期结构只是为了计算和制作方便。图 2-7(b)所示为 L-C 周期网络等效于一段均匀的复合左右手传输线。

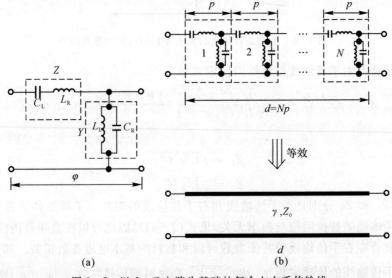

图 2-7 以 L-C 电路为基础的复合左右手传输线

图 2-7(a)所示的 L-C 单元,单元电长度可以用给定频率下的相移 φ 来描述,单元物理长度 p 取决于实际的电感和电容,在极限情况下($p \to 0$),图 2-7中的 L-C 单元等效于图 2-3 中的单元。因此,$p \to 0$ 时满足均匀条件,级联的 L-C 单元可形成长度为 d 的复合左右手传输线,如图 2-7(b)所示。实用中,如果单元物理长度不大于 1/4 波导波长,单元电长度不大于 $\pi/2$,以 L-C 为基础的复合左右手传输线可以被认为是足够均匀的。

运用 Bloch-Floquet 理论,考察基于 L-C 单元复合左右手传输线的色散关系,则有

$$\beta(\omega) = (1/p)\arccos(1 + ZY/2) \qquad (2-48)$$

$L\text{-}C$ 单元的串联阻抗 Z 和并联导纳 Y 分别为

$$Z(\omega) = \mathrm{j}(\omega L_{\mathrm{R}} - \frac{1}{\omega C_{\mathrm{L}}}) \qquad (2-49)$$

$$Y(\omega) = \mathrm{j}(\omega C_{\mathrm{R}} - \frac{1}{\omega L_{\mathrm{L}}}) \qquad (2-50)$$

单元的电长度很小时,也可应用泰勒展开式:

$$\cos(\beta p) \cong 1 - \frac{(\beta p)^2}{2} \qquad (2-51)$$

于是,式(2-48)变成

$$\beta(\omega) = \frac{s(\omega)}{p}\sqrt{\omega^2 L_{\mathrm{R}} C_{\mathrm{R}} + \frac{1}{\omega^2 L_{\mathrm{L}} C_{\mathrm{L}}} - (\frac{L_{\mathrm{R}}}{L_{\mathrm{L}}} + \frac{C_{\mathrm{R}}}{C_{\mathrm{L}}})} \qquad (2-52)$$

它与均匀色散关系式(2-36)一样,只是 $L'_{\mathrm{R}} = L_{\mathrm{R}}/p$,$C'_{\mathrm{R}} = C_{\mathrm{R}}/p$,$L'_{\mathrm{L}} = L_{\mathrm{L}} p$,$C'_{\mathrm{L}} = C_{\mathrm{L}} p$。这一结果表明,对于小的电长度,以 $L\text{-}C$ 单元为基础的复合左右手传输线等效于均匀复合左右手传输线。

图 2-8 给出了应用式(2-48)计算得到的平衡和非平衡复合左右手传输线的色散曲线。色散曲线的左手部分围绕 ω 轴折叠后如图 2-8 所示,平衡时 $L\text{-}C$ 单元的参数是:$L_{\mathrm{R}} = L_{\mathrm{L}} = 1\ \mathrm{nH}$,$C_{\mathrm{R}} = C_{\mathrm{L}} = 1\ \mathrm{pF}$,非平衡时 $L\text{-}C$ 单元的参数是:$L_{\mathrm{R}} = 1\ \mathrm{nH}$,$L_{\mathrm{L}} = 0.5\ \mathrm{nH}$,$C_{\mathrm{R}} = 1\ \mathrm{pF}$,$C_{\mathrm{L}} = 2\ \mathrm{pF}$[131]。

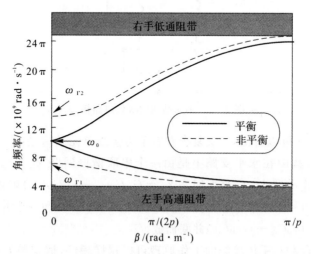

图 2-8　基于 $L\text{-}C$ 单元的平衡和非平衡复合左右手传输线色散曲线

图 2-8 表明,以 $L\text{-}C$ 单元电路为基础的复合左右手传输线,其左手部

分具有高通阻带,右手部分具有低通阻带,而理想的均匀复合左右手传输线不具有任何滤波特性。虽然以 L-C 单元电路为基础的复合左右手传输线本质上是一个带通滤波器,但复合左右手传输线的设计和带通滤波器的设计不同,带通滤波器的设计中主要关心的是幅频特性,而复合左右手传输线的设计不仅关注幅频特性,还要关注相频特性。

2.5　广义复合左右手传输线

广义复合左右手传输线[132]是在前述复合左右手传输线的基础上提出来的,是对复合左右手传输线的扩充和完善。同样,在自然界也不存在理想的广义复合左右手传输线,它的实现一般也是通过单元结构的周期性级联得到。下面给出单元结构的等效电路模型,如图 2-9 所示。

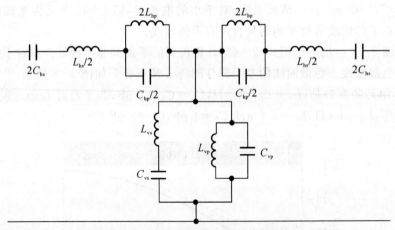

图 2-9　单元结构的等效电路模型

由图 2-9 可以看出,广义复合左右手传输线单元结构是由四个 L-C 谐振回路组成,其中在水平支路上是由一个串联谐振回路 $Z_{hs} = (j\omega L_{hs}/2 + 1/2j\omega C_{hs})$ 和一个并联 L-C 谐振回路 $Y_{hp} = (j\omega C_{hp}/2 + 1/2j\omega L_{hp})$ 串联而成;在竖直支路上是由一个串联谐振回路 $Z_{vs} = (j\omega L_{vs} + 1/j\omega C_{vs})$ 和一个并联 L-C 谐振回路 $Y_{vp} = (j\omega C_{vp} + 1/j\omega L_{vp})$ 并联而成。

广义复合左右手传输线的工作原理可以这样理解,假定单元结构等效电路模型中的四个 L-C 谐振回路具有相同的谐振频率 ω_{or}。对于水平支路,当 $\omega < \omega_{or}$ 时,串联的 Z_{hs} 是容性的,而并联的 Y_{hp} 是感性的;当 $\omega > \omega_{or}$ 时,串联的

Z_{hs} 是感性的,而并联的 Y_{hp} 是容性的。于是,在任何频点上,水平支路的 $Z_H =$ $Z_{hs} + 1/Y_{hp}$ 可以等效成一个串联 $L\text{-}C$ 谐振回路,ω_{hz1} 和 ω_{hz2} 是对应 $Z_B = 0$ 的频点,也是 $\beta d = 0$ 的频点。同样的道理,在任何频点上,竖直支路的 $Y_V = Y_{vp} +$ $1/Z_{vs}$ 可以等效成一个并联 $L\text{-}C$ 谐振回路,ω_{vz1} 和 ω_{vz2} 是对应 $Y_B = 0$ 的频点,也是 $\beta d = 0$ 的频点。进一步讲,由于水平支路和竖直支路的对偶性,当水平支路是感性时,竖直支路是容性,反之亦然。于是左手通带和右手通带会在四个零相移频点之间交替出现,这四个零相移频点可以通过 $Z_B = 0$ 和 $Y_B = 0$ 分别求得:

$$\omega_{hz}^2 = 0.5(2\omega_{or}^2 + \omega_{hshp}^2) \pm 0.5\sqrt{(2\omega_{or}^2 + \omega_{hshp}^2) - 4\omega_{or}^4} \qquad (2-53)$$

式中,$\omega_{hshp}^2 = 1/L_{hs}C_{hp}$;

$$\omega_{vz}^2 = 0.5(2\omega_{or}^2 + \omega_{vsvp}^2) \pm 0.5\sqrt{(2\omega_{or}^2 + \omega_{vsvp}^2) - 4\omega_{or}^4} \qquad (2-54)$$

式中,$\omega_{vsvp}^2 = 1/L_{vs}C_{vp}$。

应用 Bloch-Floquet 理论,可以求得广义复合左右手传输线的平衡条件为

$$L_{hs}C_{hp} = L_{vs}C_{vp} \qquad (2-55)$$

给定 $L_{hs} = L_{vp} = 4\ \text{nH}$,$L_{vs} = 1\ \text{nH}$,等效电路模型中所有四个 $L\text{-}C$ 谐振回路的谐振频率 $f_{or} = \omega_{or}/2\pi = 2\ \text{GHz}$,则满足平衡条件的周期结构的色散曲线如图 2-10 所示。由图可以看出,在谐振频率 $f_{or} = \omega_{or}/2\pi = 2\ \text{GHz}$ 附近,存在一个禁带,而平衡条件下,$f_{z1} = \omega_{z1}/2\pi = 1.56\ \text{GHz}$ 和 $f_{z2} = \omega_{z2}/2\pi = 2.56\ \text{GHz}$ 附近的禁带消失,左、右手通带之间平滑过渡。

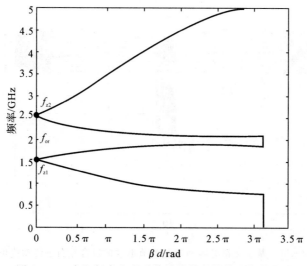

图 2-10　广义复合左右手传输线单元结构的色散曲线

当 $\beta d \ll 1$ 时,广义复合左右手传输线的阻抗特性可以由单元结构的 Bloch 阻抗表示,即

$$Z_{\text{Bloch}} \cong \sqrt{\frac{2Z_{\text{B}}}{Y_{\text{B}}}} \qquad (2-56)$$

在平衡条件下,Bloch 阻抗可以简化为

$$Z_{\text{Bloch}} \cong \sqrt{\frac{L_{\text{hs}}}{C_{\text{vp}}}} \qquad (2-57)$$

这样就为广义复合左右手传输线的匹配提供了理论依据。

2.6　复合左右手传输线的实现方式

自然界并不存在复合左右手传输线,它的实现需要人工构造。基于 $L-C$ 网络的复合左右手传输线用物理手段来实现时,一般有两种方式:一是利用集总参数元件来实现,如表面贴装技术(Surface Mount Technology,SMT)元件[79];二是基于微带线、带状线和共面波导等集成传输线的分布参数效应来实现。第二种方式又可以分两类:一类是采用较为直观的分布参数元件,如交指电容、短路支节电感等(见图 2-11)[83,133];另一类是采用不很直观的基于等效方式实现的结构,如逆开环谐振器(见图 2-12)[106-110]。

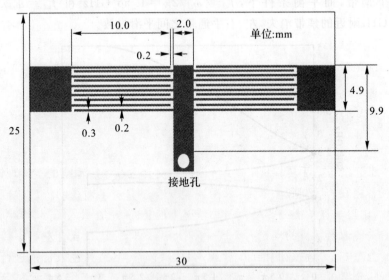

图 2-11　基于交指电容和短路支节电感的复合左右手传输线单元

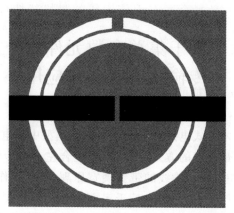

图 2-12　基于逆开环谐振器的复合左右手传输线单元

　　表面贴装技术片式元件可直接利用,用表面贴装技术片式元件可以容易、快捷地实现复合左右手传输线结构。但是,表面贴装技术片式元件只存在离散的值,并且由于自身谐振的原因不能用于高频,仅限于几吉赫兹以下的较低频率,这样以表面贴装技术片式元件为基础的复合左右手传输线只能用于较低的频率范围。分布参数元件一般不受此限制,分布参数元件常见的除上面提到的交指电容、短路支节电感外,还有金属-绝缘体-金属电容、螺旋线电感或它们的衍生结构。基于等效方式实现的复合左右手传输线结构,虽然不是很直观,但本质上也是分布参数元件。虽然分布参数元件可以工作在任意频率上,但在低频时,这些结构会占用较大的尺寸,不利于小型化和降低成本。因此表面贴装技术片式元件和分布参数元件可以形成互补优势,低频时,一般选用表面贴装技术片式元件,高频时一般选用分布参数元件。

2.7　小　　结

　　本章介绍了右手传输线、左手传输线和复合左右手传输线的基本理论,分析了三者之间的区别和联系;着重阐述了复合左右手传输线的传输响应和色散特性,比较了在平衡和非平衡两种情况下的异同,接着引入了分析周期性复合左右手传输线结构的理论——Bloch-Floquet 理论;广义复合左右手传输线作为复合左右手传输线的推广,对其一般电路结构形式和色散特性进行了介绍;此外,介绍了复合左右手传输线的实现方式。本章的工作为后续的研究奠定了理论基础。

第3章 基于集总参数元件复合左右手
传输线的实现及应用

用表面贴装技术片式电感和电容替换电路模型中的电感和电容是构造复合左右手传输线的最直接的方式,本章根据复合左右手传输线的非线性色散关系,研究了复合左右手传输线的带宽展宽原理、双频工作原理,给出了零相移复合左右手传输线的设计公式,基于表面贴装技术片式元件设计了复合左右手传输线,并将所设计的复合左右手传输线应用到数字移相器、双工器和功分器的设计中。

3.1 基于复合左右手传输线宽带 4 位数字移相器
的设计

3.1.1 微波移相器简介

微波移相器在雷达、通信、仪器仪表、重离子加速器以及导弹姿态控制系统中有着重要的应用价值。微波移相器多以电控方式进行工作,称之为电控移相器,一般分为数字和模拟两类,所谓数字式移相器是指其相位的变化是跳变的,不能连续变化,一般利用 PIN 二极管作为开关控制元件,它相移精度高,功率大;模拟式移相器相位的变化是连续的,常采用变容二极管进行控制。虽然后者相位变化比较精细,但是其控制电路十分复杂。数字式移相器因其快捷灵活的控制而备受青睐,它最主要的应用领域是相控阵雷达。相控阵雷达是采用电扫描方式工作的,它利用电子计算机控制移相器改变天线孔径上的相位分布来实现波束在空间的扫描,具有功能多、机动性强、反应时间短、数据率高、抗干扰能力强及可靠性高等诸多特点,是现代雷达发展的一个重要分支。

数字式移相器的相移量在 360° 以内变化(大于 360° 以后,其相移量减去 360° 的整数倍后得到 360° 以内的相移量)。为了实现相移的阶跃,整个数字移相器分成若干位(或级),每位有两个相位状态,便于利用二进制数字电路控制。以 4 位数字移相器为例,它具有 4 个位,其各个位的相位状态分别为 $(0,22.5°)(0,45°)(0,90°)(0,180°)$,整个移相器组合后,在 0°~360° 内,可以得到以 22.5°为步进的 16 个移相状态。移相器位数越多,对波束的控制精度越精细,但移相器本身及其控制电路也越复杂,当前在相控阵雷达中,较多采用 4 位数字移相器[134]。

以 PIN 二极管半导体器件作为控制元件的数字移相器,主要有开关线移相器、加载线移相器、混合型移相器和高通-低通型移相器等。这里主要针对开关线移相器展开研究。

3.1.2　移相器的性能指标

移相器的性能指标是其应用电路的重要指标,所以应对衡量移相器的各项性能指标有个大概的了解。一般而言,比较常用的移相器性能指标有工作频带、相移量、相移精度、插入损耗和电压驻波比,此外还有承受功率、移相器开关时间等。

1. 工作频带

移相器工作频带是指满足移相器性能指标的频率范围。数字式移相器大多是利用不同长度的传输线构成的,同样物理长度的传输线对不同频率呈现不同的相移,因此移相器的工作频带大多是窄频带的。

2. 相移量

移相器是二端口网络,相移量是指传输相位发生的变化。对于数字式移相器通常给出相移步进值,如 0°,22.5°,45°,90°,180°,这种结构的移相器称为 4 位步进式移相器。

3. 相移精度

对于一个固定频率点,相移量各步进值都围绕各中心值有一定偏差;而在频带内不同频率时,相移量又有不同数值。相移精度指标可采用最大相移误差和均方根误差来表示,其中最大相移误差是各频率点的实际相移和各步进值的最大偏差值,而均方根误差是指各步进值相位偏差的均方根值。

4. 插入损耗

由于移相器的介入,在系统内引入的损耗,包括电阻损耗、辐射损耗、介质损耗及移相器因端口不匹配引起的反射损耗。

5. 电压驻波比

电压驻波比用于描述移相器输入、输出端口的匹配情况。

3.1.3　开关线移相器

开关线移相器的基本电路如图 3-1 所示。它由 4 个开关和两条具有不同相移的传输路径构成。这 4 个开关控制着信号的传输路径,而两条传输路径的电长度之差便决定了这个移相器的差分相移量。开关既可以串联方式接入电路,如图 3-1(a)所示;也可以并联方式接入电路,如图 3-1(b)所示[135]。

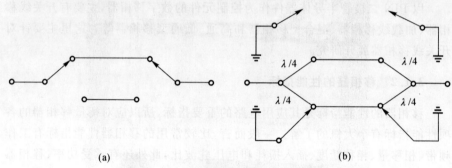

(a)   (b)

图 3-1　开关线移相器电路简化示意图

(a)串联电路;(b)并联电路

通过控制开关通断的变化,使微波信号的传输在上下两条不同的路径之间转换,由于上下两条通路的相移量不同,因而实现了移相功能。两条传输路径的电长度之差决定了相移量。若设一条通路的长度为 l_1,另一条为 l_2,其所产生的相移为

$$\Delta\varphi = \beta(l_2 - l_1) = 2\pi(l_2 - l_1)/\lambda_g \qquad (3-1)$$

式中,β 为传输线相位常数;λ_g 为传输线中的波长;$\Delta\varphi$ 为相移量。开关线移相器结构简单,容易实现。

3.1.4　基于复合左右手传输线开关线移相器的设计

复合左右手传输线提出以后,已经有不少研究人员将其应用到开关线移相器的设计中[136-138]。Dmitry Kholodnyak 等人采用共面波导多层结构设计了 180°开关线移相器,如图 3-2 所示[136]。Dan Kuylenstierna 等人在半导体基板上,采用铁电变容二极管,设计了基于复合左右传输线的相移量为 60°的开关线移相器[137]。Julien Perruisseau-Carrier 等人指出虽然相当一部分实用的复合左右手传输线并不满足媒质的等效理论(单元尺寸不大于 $\lambda_g/4$),但这并不影响复合左右手传输线的实际运用,而且对于很多实际应用来讲也没有必要强加这个限制,鉴于这个情况,他们推导了新的复合左右手传输线设计公式,并利用这些公式,采用单片微波集成电路技术设计移相器,中心工作频率达到 17.5 GHz[138]。

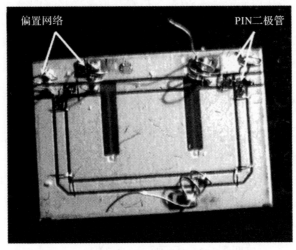

图 3 - 2　共面波导多层结构 180°开关线移相器

1. 复合左右手传输线的带宽展宽原理

第 2 章论述了复合左右手传输线的基本理论,分析了复合左右手传输线的色散关系,得出平衡条件下复合左右手传输线的左手通带和右手通带之间存在无缝过度,色散特性成双曲-线性关系。正是这一独特的非线性色散关系,使得复合左右手传输线在有差分相移线工作的场合往往能够展宽器件的工作频带。差分相移线的工作原理类似于开关线移相器,只是没有开关控制元件。如果在开关线移相器中,把其中的一条右手传输线替换为复合左右手传输线,则可以展宽移相器的工作带宽,下面详细讨论这一原理[93]。

由一段长 l 的右手传输线产生的相移可以表示为

$$\varphi_{\mathrm{RH}} = -\beta l = -\frac{\sqrt{\mu_{\mathrm{eff}}\varepsilon_{\mathrm{eff}}}}{c}l\omega \tag{3-2}$$

式中,μ_{eff} 和 $\varepsilon_{\mathrm{eff}}$ 分别表示传输线的有效磁导率和有效介电常数,若要求传输线在频率为 ω_{S} 时产生的相移为 $\varphi_{\mathrm{RH,S}}$,则上式就可写为

$$\varphi_{\mathrm{RH}}(\omega = \omega_{\mathrm{S}}) = -\frac{\sqrt{\mu_{\mathrm{eff}}\varepsilon_{\mathrm{eff}}}}{c}l\omega_{\mathrm{S}} = \varphi_{\mathrm{RH,S}} \tag{3-3}$$

在另一条支路上,由 N 级复合左右手传输线单元电路所产生的相移为

$$\varphi_{\mathrm{CRLH}} = -N\left(\omega\sqrt{L_{\mathrm{R}}C_{\mathrm{R}}} - \frac{1}{\omega\sqrt{L_{\mathrm{L}}C_{\mathrm{L}}}}\right) \tag{3-4}$$

若要求传输线在频率为 ω_{S} 时产生的相移为 $\varphi_{\mathrm{CRLH,S}}$,则上式可写为

$$\varphi_{\text{CRLH}}(\omega = \omega_{\text{S}}) = -N\left(\omega_{\text{S}}\sqrt{L_{\text{R}}C_{\text{R}}} - \frac{1}{\omega_{\text{S}}\sqrt{L_{\text{L}}C_{\text{L}}}}\right) = \varphi_{\text{CRLH,S}} \qquad (3-5)$$

又平衡条件下的特性阻抗为

$$Z_{\text{C}} = \sqrt{\frac{L_{\text{R}}}{C_{\text{R}}}} = \sqrt{\frac{L_{\text{L}}}{C_{\text{L}}}} \qquad (3-6)$$

所以,在平衡条件下,开关线移相器的相移量就为

$$\Delta\varphi(\omega) = \varphi_{\text{RH}}(\omega) - \varphi_{\text{CRLH}}(\omega) = \frac{\varphi_{\text{RH,S}}}{\omega_{\text{S}}}\omega + N\left(\omega\sqrt{L_{\text{R}}C_{\text{R}}} - \frac{1}{\omega\sqrt{L_{\text{L}}C_{\text{L}}}}\right)$$

$$(3-7)$$

可以很直观地看出,要实现最大的带宽,就需要右手传输线和复合左右手传输线所产生的相位曲线的斜率相等,也就是式(3-7)中 $\mathrm{d}\Delta\varphi/\mathrm{d}\omega\,|_{\omega=\omega_{\text{S}}}=0$,同时满足 $\mathrm{d}^2\Delta\varphi/\mathrm{d}\omega^2\,|_{\omega=\omega_{\text{S}}}<0$,则有

$$\frac{\varphi_{\text{RH,S}}}{\omega_{\text{S}}} + N\sqrt{L_{\text{R}}C_{\text{R}}} + \frac{N}{\omega_{\text{S}}^2\sqrt{L_{\text{L}}C_{\text{L}}}} = 0 \qquad (3-8)$$

由式(3-3)、式(3-5)、式(3-6)、式(3-8)四个方程可以得到 L_{R},C_{R},L_{L},C_{L},即

$$L_{\text{R}} = -Z_{\text{C}}\frac{\varphi_{\text{RH,S}} + \varphi_{\text{CRLH,S}}}{2N\omega_{\text{S}}} \qquad (3-9a)$$

$$C_{\text{R}} = -\frac{\varphi_{\text{RH,S}} + \varphi_{\text{CRLH,S}}}{2N\omega_{\text{S}}Z_{\text{C}}} \qquad (3-9b)$$

$$L_{\text{L}} = -\frac{2NZ_{\text{C}}}{\omega_{\text{S}}(\varphi_{\text{RH,S}} - \varphi_{\text{CRLH,S}})} \qquad (3-9c)$$

$$C_{\text{L}} = -\frac{2N}{\omega_{\text{S}}Z_{\text{C}}(\varphi_{\text{RH,S}} - \varphi_{\text{CRLH,S}})} \qquad (3-9d)$$

为使求得的电感和电容值为正,且有 $\varphi_{\text{RH,S}}<0$,则

$$|\varphi_{\text{CRLH,S}}| \leqslant |\varphi_{\text{RH,S}}| \qquad (3-10)$$

用传统传输线代替 L_{R} 和 C_{R},所需的电尺寸 $\varphi = N\omega_{\text{S}}\sqrt{L_{\text{R}}C_{\text{R}}}$,再根据所求得的电尺寸,利用 Serenade 仿真软件中的 TRL 工具,可以方便地计算出复合左右手传输线右手部分的几何参数。对于另一支路的右手传输线,根据相移量 $\varphi_{\text{RH,S}}$ 同样也可求出其几何参数。这样,基于复合左右手传输线的宽带开关线移相器就可以设计出来了,下面分别阐述 22.5°,45°,90°,180°开关线移相器的设计。

2.基于复合左右手传输线单级开关线移相器的设计

为了验证理论分析的正确性,不考虑其他任何影响,且 PIN 二极管的模

型设计成理想模型,利用复合左右手传输线设计一个 22.5°的开关线移相器,
其工作频率为 1.35～1.85 GHz,选用聚四氟乙烯介质板,厚度为 1 mm,相对
介电常数为 2.65。在中心频率 1.6 GHz 处,选择 $\varphi_{RH,S}=-45°$($\varphi_{RH,S}$ 值也可
以选择其他数值),则要实现 22.5°的相移,复合左右手传输线在中心频率的
相移量需为-22.5°,即 $\varphi_{CRLH,S}=-22.5°$。选用一级 L-C 单元来构成复合左
右手传输线,即 $N=1$,特性阻抗 $Z_C=50\ \Omega$(后面的移相器设计中,特性阻抗均
是 50 Ω),则由式(3-9)可以分别计算出 $L_R=2.93$ nH,$C_R=1.17$ pF,$L_L=$
25.33 nH,$C_L=10.13$ pF。需要注意的是,$\varphi_{RH,S}$ 和 $\varphi_{CRLH,S}$ 在代入公式进行计
算时应把单位换算成弧度(下同)。用微带线代替 L_R 和 C_R,计算出它产生的
相移为-33.75°,在中心频率 1.6 GHz 对应的微带线长度为 11.9 mm,求得
的另一条支路的微带线长度为 15.9 mm,此时,如果把两条支路中的微带线
同时增加或减小相同的长度,不会影响整个开关线移相器的相移精度。为便
于匹配,把复合左右手传输线的左手部分用 T 形网络等效,则 $C_L=20.26$ pF,
L_L 不变。在电路仿真软件 Serenade 中建立开关线移相器的电路拓扑结构,
把以上参数代入其中进行仿真,如图 3-3 所示。移相器两支路的插入损耗和
反射系数的仿真结果如图 3-4 所示,相移量的仿真结果如图 3-5 所示。

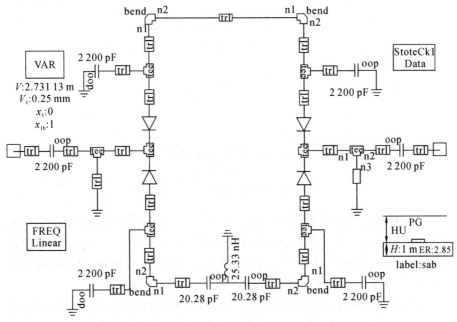

图 3-3　理想的 22.5°移相器仿真电路

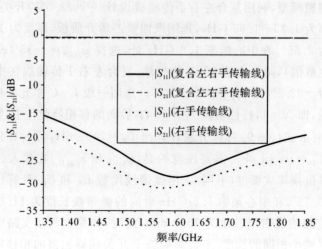

图 3-4　22.5°移相器两支路的 $|S_{21}|$ 和 $|S_{11}|$ 的仿真结果

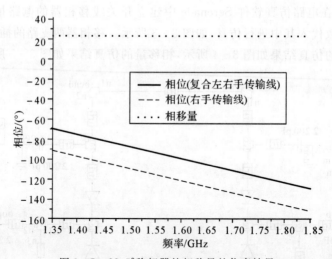

图 3-5　22.5°移相器的相移量的仿真结果

　　从仿真结果可以看出,理想情况下,在 1.35～1.85 GHz 范围内,22.5°复合左右手传输线开关线移相器的反射系数均在－16 dB 以下,最大相移误差在±0.4°以内;而相同频率范围内的传统 22.5°开关线移相器,最大相移误差达到±3.5°(借助仿真软件 Serenade 中的 TRL 工具计算得到)。

　　45°,90°和 180°移相器和 22.5°移相器具有相同的电路拓扑结构,设计思路、过程也相同,这里不再赘述,只是 180°移相器需要采用两级单元,具体原因将在后面解释。表 3-1 列出了 45°,90°和 180°移相器的设计参数。

表 3-1　45°,90°和 180°移相器的设计参数

移相器类型	N	$\varphi_{RH,S}$ (°)	$\varphi_{CRLH,S}$ (°)	复合左右手传输线			另一支路 微带线/mm
				L_L/nH	C_L/pF	微带线/mm	
45°	1	-45	0	12.66	10.13	7.9	15.8
90°	1	-90	0	6.33	5.065	15.8	31.6
180°	2	-90	0	6.33	5.065	15.8	31.6

　　45°移相器两支路的插入损耗和反射系数的仿真结果如图 3-6 所示,相移量的仿真结果如图 3-7 所示。由仿真结果可以看出,理想的 45°复合左右手传输线开关线移相器的反射系数均在 -15 dB 以下,最大相移误差在 ±0.6°以内;而相同频率范围内的传统 45°开关线移相器,最大相移误差达到 ±7°(借助仿真软件 Serenade 中的 TRL 工具计算得到)。

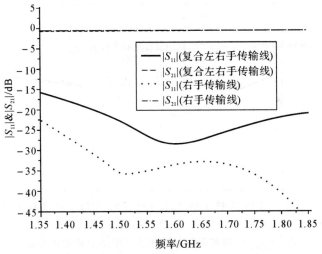

图 3-6　45°移相器两支路的 |S₂₁| 和 |S₁₁| 的仿真结果

　　90°移相器两支路的插入损耗和反射系数的仿真结果如图 3-8 所示,相移量的仿真结果如图 3-9 所示。由仿真结果可以看出,理想的 90°复合左右手传输线开关线移相器的反射系数均在 -15 dB 以下,最大相移误差在 ±3°以内,而相同频率范围内的传统 90°开关线移相器,最大相移误差达到 ±14°。

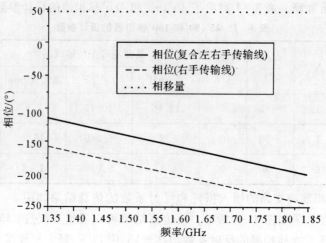

图 3-7　45°移相器的相移量的仿真结果

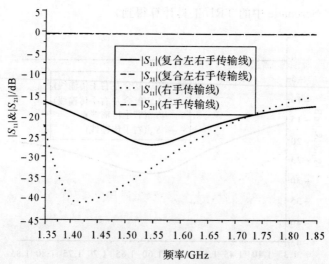

图 3-8　90°移相器两支路的 $|S_{21}|$ 和 $|S_{11}|$ 的仿真结果

对于180°移相器来说,已经不能选用一级 L-C 单元来构造复合左右手传输线,其原因是随着相移量的增大,电容 C_L 和电感 L_L 的值都不断地减小,如果选择一级单元,则由式(3-9)求得的电容 $C_L = 1.267\ \text{pF}$,电感 $L_L = 3.166\ \text{nH}$,用 T 形结构等效,则 $C_L = 2.533\ \text{pF}$,电感 L_L 不变。表面上看,$\sqrt{L_L/C_L} = 50\ \Omega$,可以达到阻抗匹配。但由于电容 C_L 和电感 L_L 的值很小,其截止频率较大,在频率低端引起的反射增大。图 3-10 和图 3-11 所示分别为 T 形网络的电

路拓扑图和 S 参数仿真结果。由图 3 - 11 可以看出,在频率低端反射系数变大,相当大的能量被反射,因而,仅用一级 L - C 单元已不适合 $180°$ 移相器的设计,需要选用两级 L - C 单元来构造复合左右手传输线,即 $N=2$。

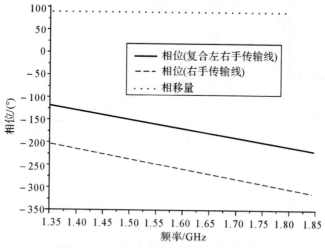

图 3 - 9　$90°$ 移相器的相移量的仿真结果

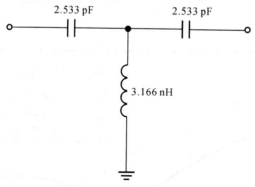

图 3 - 10　T 形网络电路图

$180°$ 移相器是由两级 $90°$ 差分相移线级联而成,其两支路的插入损耗和反射系数的仿真结果如图 3 - 12 所示,相移量的仿真结果如图 3 - 13 所示。由仿真结果可以看出,理想的 $180°$ 复合左右手传输线开关线移相器的反射系数均在 -11.5 dB 以下,最大相移误差在 $±7°$ 以内,而相同频率范围内的传统 $180°$ 开关线移相器,最大相移误差达到 $±28°$(借助仿真软件 Serenade 中的 TRL 工具计算得到)。

变益匹配来实现。如图 3-11 所示，在整个频带内匹配都比较好，而且整体来说，插入损耗在通频带内也比较小。即在通过 T 形左右手复合阻抗匹配网络来代替普通的四分之一波长阻抗变换线，缩小了电路尺寸的同时仍具有良好的匹配性能和较小的插入损耗。

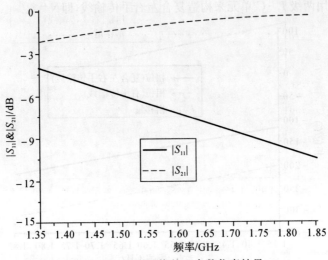

图 3-11 T 形网络的 *S* 参数仿真结果

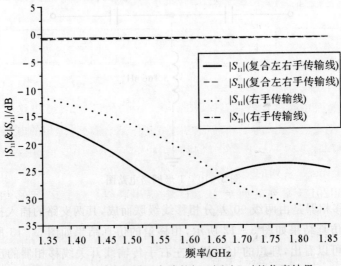

图 3-12 180°移相器两支路的 |*S*₂₁| 和 |*S*₁₁| 的仿真结果

设计中应用上述的 T 形阻抗匹配网络。几两支路的仿真结果如图 3-12 所示，可以看出，不论是复合左右手支路还是右手支路，在整个频带内匹配都比较好，两支路的插入损耗都比较小，尤其是在中心频率 1.6GHz 处。从图 3-12 中可以看出，复合左右手支路比右手支路的回波损耗还要小一些，其匹配性能更好。两支路的 |*S*₂₁| 比较平坦且始终接近于 0dB，两支路的插入损耗比较小。

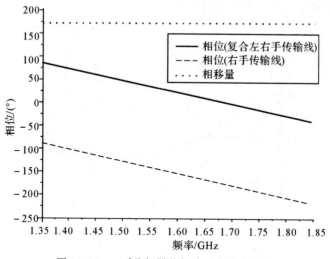

图 3 - 13　180°移相器的相移量的仿真结果

3. 基于复合左右手传输线的 4 位数字移相器的设计与实验

如果把 22.5°,45°,90°,180°四个移相器电路组合起来,如图 3 - 14 所示,就可构成 4 位数字移相器。用二进制码控制相应的 PIN 二极管的开关,就可以得到 2^4 = 16 个相移状态。

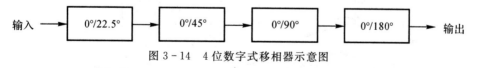

图 3 - 14　4 位数字式移相器示意图

根据前面单级移相器(22.5°,45°,90°,180°)的设计,每一级移相器所需的电感和电容均已求得,为了和后面的电路制作结合起来,理想的电感和电容均用实际元件值代替。对于 22.5°移相器,电容 C_L = 20.26 pF 用 Murata 公司的 murata_ma58 系列的 20 pF 电容代替,电感 L_L = 25.33 nH 选用 Toko 公司的 tokoll2012f 系列的两个 12 nH 电感串联得到;对于 45°移相器,电容 C_L = 10.13 pF 用 Murata 公司的 murata_ma58 系列的 10 pF 电容代替,电感 L_L = 12.67 nH 选用 Toko 公司的 tokoll2012f 系列的 6.8 nH 和 5.6 nH 电感串联得到;对于 90°移相器,电容 C_L = 5.066 pF 使用 Murata 公司的 murata_ma58 系列的 5 pF 电容代替,电感 L_L = 6.333 nH 用 Toko 公司的 tokoll2012f 系列的 6.8 nH 电感代替;180°移相器和 90°移相器左手部分采用相同的 L - C 网络,只不过是采用两级结构。图 3 - 15~图 3 - 18 所示为基于复合左右手传输线的 4 位数字式移相器的仿真结果。

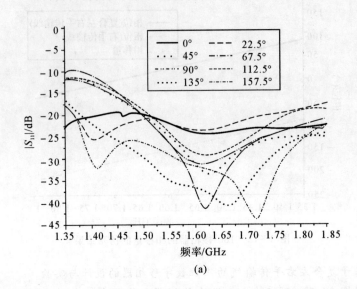

(a)

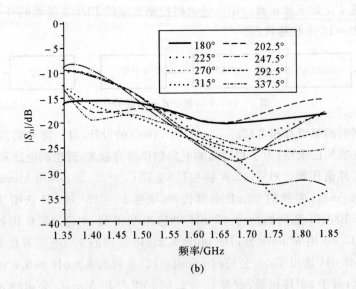

(b)

图 3-15 4 位数字移相器的 $|S_{11}|$ 仿真结果

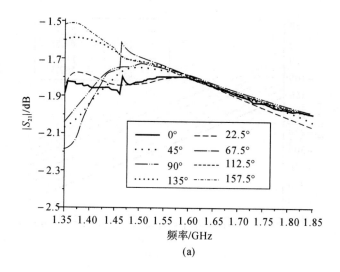

(a)

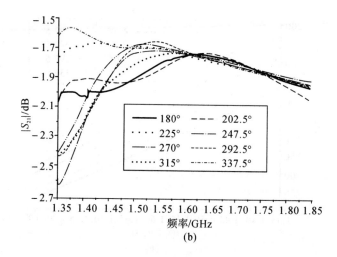

(b)

图 3 - 16　4 位数字移相器的 $|S_{21}|$ 仿真结果

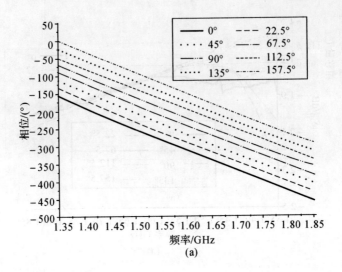

(a)

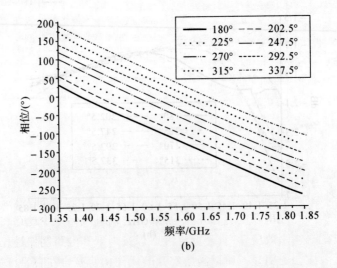

(b)

图 3-17 4 位数字移相器 16 个状态的相位仿真结果

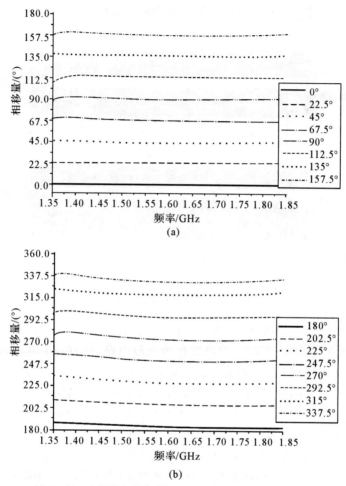

图 3 - 18　4 位数字移相器 16 个状态的相移量仿真结果

　　以上考虑的是理想状况,但对于实际应用在 T 形网络中的电容和电感元件,当微波信号经过串联电容或并联电感时,它们都或多或少地存在相位滞后的效应,也就是右手效应,并且若要再考虑焊接因素和电路制作过程中的一些误差,滞后效应会更明显。所以利用实际的元件构造复合左右手传输线时,由于右手效应的存在,会带来较大的相移误差,必须采取措施来减小这种误差。首先是要获得导致这种误差的右手效应,本节提出了相位比较法来测量这种右手效应,并制作了测量电路,以此计算出实际的左手传输线存在的右手效应,选用厚度为 1 mm,相对介电常数为 2.65 的聚四氟乙烯介质板,介质板的选取要和移相器所用的介质板一致。测量电路如图 3-19 所示。

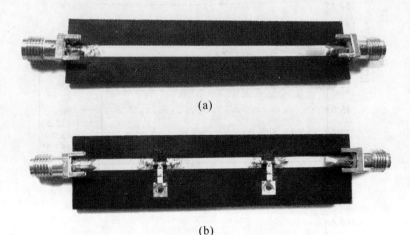

(a)

(b)

图 3-19　左手传输线中的右手效应测量电路
(a)微带线;(b)接有左手单元的微带线

图 3-19 所示包括两个电路,一个是一段在中心频率相移量为-200°的微带线,如图 3-19(a)所示,此电路作为比较电路,是另一个电路的参考;另一个是用于焊接两个左手单元的微带电路(合起来可以称为复合左右手传输线),如图 3-19(b)所示,整个微带线部分在中心频率的相移量为-180.6°。这里接入两个左手单元是为了同时测出两组数据求平均值。表 3-2 给出了22.5°,45°和 90°移相器中左手部分的右手效应的测量数据,180°移相器中的左手部分与 90°移相器的相同,只是由两级组成,因而没有测试。

表 3-2　22.5°,45°和 90°移相器左手部分中的右手效应测量数据

22.5°		45°		90°	
右手传输线	复合左右手传输线	右手传输线	复合左右手传输线	右手传输线	复合左右手传输线
-196.5°	-179.7°	-196.5°	-158.6°	-196.5°	-115°
移相 16.8°		移相 37.9°		移相 81.5°	

以 22.5°移相器的情况为例来阐述相位比较法。电容用的是 Murata 公司的 murata_ma58 系列的 20 pF 电容,电感用的是 Toko 公司的 tokoll2012f系列的两个 12 nH 电感串联,它们组成的复合左右手传输线的左手部分在中心频率 1.6 GHz 处的相移应为 11.6°×2=23.2°,右手部分微带线移相-

180.6°,则复合左右手传输线的相移应为 $-157.4°$;另一支路的微带线相移量为 $-200°$;两个电路相移量应该相差 42.6°,即移相 42.6°。但实际上,这两条传输线的相移误差为 16.8°。于是每一级左手单元固有的右手效应为 $(42.6°-16.8°)/2=12.9°$。相移为 12.9° 的微带线在中心频率(微带电路板选用厚度为 1 mm,相对介电常数为 2.65 的聚四氟乙烯介质板)对应的长度为 4.5 mm。这个 4.5 mm 就是以后在制作电路中需要补偿的长度,既可以在微带线支路上加上 4.5 mm,也可以在复合左右手传输线的微带线部分减去 4.5 mm。

　　对于 45° 和 90° 移相器的情况,其分析方法与 22.5° 移相器的情况相同,这里不再赘述,直接给出结果。对于 45° 移相器在制作实际电路时,需要对电路补偿 4.8 mm;对于 90° 移相器在制作实际电路时,需要对电路补偿 4.5 mm。可以推得对于 180° 移相器在制作实际电路时,需要对电路补偿 9 mm。

　　每一位移相器的电路结构已经确定,把它们级联起来制作在一块电路板上,同时考虑需要补偿的数据,就得到一个基于复合左右手传输线的 4 位数字移相器电路。至于开关元件,根据电路的技术指标要求,选择 Agilent 公司生产的表面封装 HSMP - 3890 二极管,单管的最大串联电阻 R_s 为 2.5 Ω,总电容 C_T 为 0.3 pF。4 位数字移相器的实际电路结构如图 3 - 20 所示,图 3 - 21 所示为 4 位数字移相器 16 个状态的 $|S_{11}|$ 实验结果;图 3 - 22 所示为 4 位数字移相器 16 个状态的 $|S_{21}|$ 实验结果;图 3 - 23 所示为 4 位数字移相器 16 个状态的相位实验结果;图 3 - 24 所示为 4 位数字移相器 16 个状态的相移量实验结果;图 3 - 25 所示为 4 位数字移相器 16 个状态的带内相移误差实验结果。

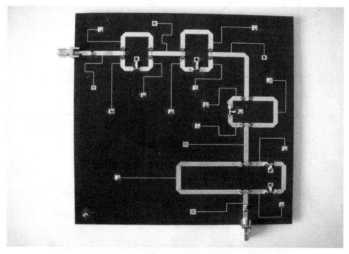

图 3 - 20　4 位数字移相器实际电路

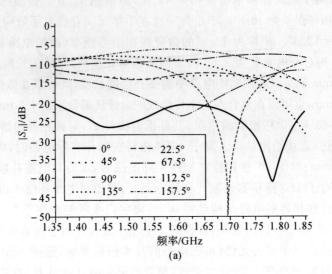

(a)

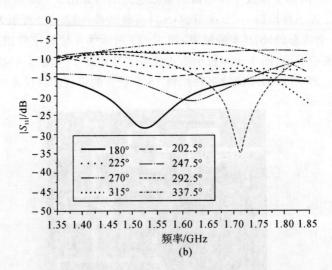

(b)

图 3-21 4 位数字移相器 16 个状态的 $|S_{11}|$ 实验结果

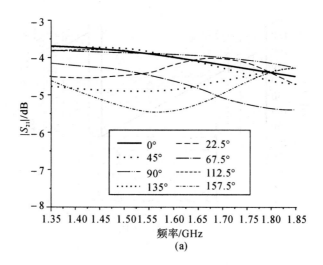

(a)

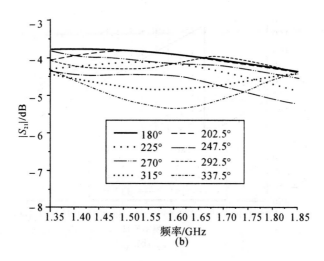

(b)

图 3-22　4 位数字移相器 16 个状态的 $|S_{21}|$ 实验结果

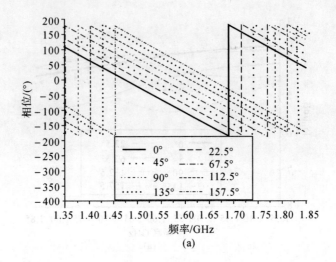

(a)

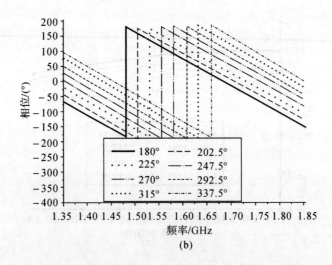

(b)

图 3-23 4 位数字移相器 16 个状态的相位实验结果

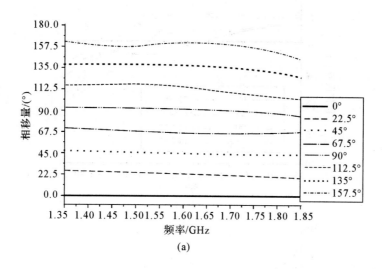

(a)

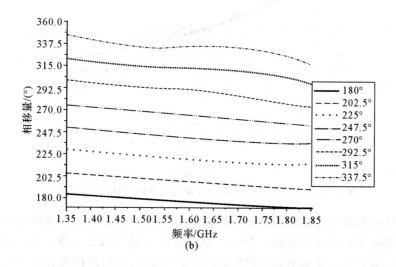

(b)

图 3-24　4 位数字移相器 16 个状态的相移量实验结果

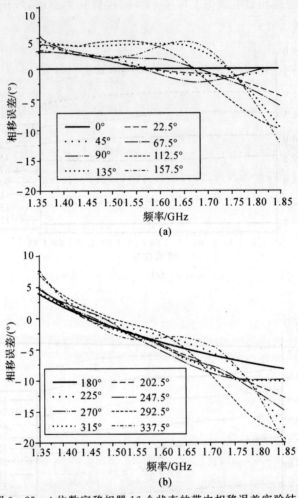

图 3 - 25   4 位数字移相器 16 个状态的带内相移误差实验结果

从移相器的实验结果来看,在 1.35～1.85 GHz 范围内,实测的最大相移误差是在 337.5°状态时的误差(360°状态实际上是 0°状态),在 1.85 GHz 达到 20°,其余各个状态的最大相移误差均小于此值;而传统的开关线 4 位数字移相器在 337.5°状态时的最大相移误差达到 53°(借助仿真软件 Serenade 中的 TRL 工具计算得到),这证明了复合左右手传输线具有宽频带特性。部分状态的 $|S_{11}|$ 不满足在整个带宽内小于 -10 dB 的要求,插入损耗 $|S_{21}|$ 较大,个别相移状态波动较大,少数相移状态在频率高端相移误差较大,造成这些结果的原因归纳如下:

(1)实际的移相器电路为了焊接 PIN 二极管和电感电容,开了很多的缝,这些缝会引起反射;

(2)用于加直流控制电压的 $\lambda_g/4$ 高阻线是一窄带器件,在整个频带的低端和高端会引入较大的电抗成分,这些电抗成分不但会引起反射,而且会引起相位的飘移;

(3)较大的插入损耗主要来源于 PIN 二极管,其次是电感和电容的损耗、辐射损耗以及介质损耗和导体损耗;

(4)移相器制作过程中的加工误差、焊接工艺以及加直流控制电压的导线(已从电路板上焊去)的影响等,也是造成上述不良结果的原因。

另外,在设计 4 位数字移相器的过程中,有几个关键技术问题需要注意:

(1)当某路径的传输长度接近某个频率的半波长时,将产生谐振现象,使插入损耗增大。为了使谐振峰值远离工作频率,两段传输线的长度应该合理选择,保证谐振频率在工作频带之外。

(2)在移相器的工作过程中,要求在直通和移相两种状态下端口都有良好的匹配、插入损耗小并且尽可能相等,否则两种状态下的输入信号幅度不同,将引起寄生调幅。

(3)两条移相支路间隔的距离要足够远,避免相互耦合造成衰减和相位误差。因此,设计时要合理布局,先使两条支路沿着相互远离的方向传播,间距保证在 4 倍于介质板厚度以上,完成移相路径后再返回公共支路。

(4)把若干个基本的移相器单元级联起来可以实现大的相移量,但应严格控制各级电路的驻波特性,否则会导致总相移量产生较大误差。

3.2　基于复合左右手传输线小型化三等分功分器的设计

3.2.1　功分器简介

无源功率分配器被广泛地应用于微波及毫米波电路,例如,在阵列天线的馈电网络中,功率分配器(简称功分器)可以将一路信号分成多路信号;应用于微波固态放大器,可以将多个信号合成一个更大功率的输出信号。在文献[139]中对多路功率分配器的不同设计进行了介绍,其可以分为两类:一类是通过一个结构将一路信号一次性地分成多路输出;另一类是将一路信号经过一系列的一分二结构逐次地分成多路输出。通常来讲,前一种结构的功率分配器由于信号经过的梯次少,从而有较高的分配效率。当功率分配的路数大于 2 时,这种较为古典的威尔金森一分多路功率分配器通常有一个非平面的拓扑结构[140]。当应用场合的功率要求不高时,常采用微带功分器,微带功分器采用平面印刷技术,易于加工,便于集成,成本较低,受到工程设计人员的青睐。

3.2.2 三等分功分器的设计方法

一分多路功分器的等效电路如图 3-26 所示。为一般性起见,假设各路的负载阻抗 R_0 和信号源内阻 R_g 不相等,在这种情况下,各路支线中的阻抗变换节的特性阻抗应该为

$$Z_0 = \sqrt{NR_gR_0} \tag{3-11}$$

式中,N 为功率分配器的路数。此阻抗变换节的电长度 θ 在设计的中心频率上应该为 $\pi/2$,即

$$\theta = \frac{2\pi l}{\lambda_g} = \frac{\pi}{2} \tag{3-12}$$

这里的 l 是变换节的实际长度。

功分器的各输出端口均通过一个隔离电阻 R_0 与一公共节点相连,这一措施既改善了输出端的匹配,又增大了输出端口之间的隔离。因为当一信号输给功率分配器后,由于电路结构的对称性,将使功率分配器分成大小相等的 N 份输出。当输出各路均端接于匹配负载 R_0 时,只要各路信号所经过的电长度相等,各输出端口将处于同电位,因而输出端口和公共节点间的隔离电阻并不消耗任何功率。但是,假如输出端口之一由于某种原因使信号发生了反射,此反射的信号也将分路,一部分直接经过这些隔离电阻传至其余各输出端口,而其余的功率将返回输入端口,并在各路支线交叉口再度分配,于是重新经由各支线传至各输出端口。因此,某一端口的反射信号将经两种途径传至其余各输出端口,而这两种途径的电长度并不相同,当隔离电阻尺寸很小,可视为集总参数元件时,它的电长度可近似地认为零,阻抗变换节的电长度在中心频率时为 $\pi/2$,因而往返一次总的电长度是 π。可见由两种不同途径至其余各输出端口的反射信号相位正好相反。可以证明,只要隔离电阻选得与负载电阻 R_0 一样,且变换节的特性阻抗取为 $Z_0 = \sqrt{NR_gR_0}$,则两种途径的反射波幅度将是相等的,因而彼此相消,这就实现了各输出端口之间的相互隔离。

这样的一分多路(>2)等分功分器通常有一个非平面的拓扑结构,但对于一分三路等分功分器的情况,可以通过变换将非平面的拓扑结构变换成平面

拓扑结构。图 3-27 所示为三等分功分器的两种电路拓扑结构,图 3-28 所示为三等分功分器的一种实际电路形式,它的输入端口在电路的中心,三个输出端口互成 120°角。这一个电路是由普通形式〔见图 3-27(a)〕的三路等功率分配器变换而来的。这种变换相当于自 Y 形电阻网络〔见图 3-27(a)〕至△形电阻网络〔见图3-27(b)〕的变换,变化后的隔离电阻由原来的 R_0 变为 $3R_0$。前面分析中曾说过,为了使一分多路功分器的各输出端口之间彼此隔离,输出端口的反射波经隔离电阻的电长度(或者相移)应该尽量接近于零。目前这一点不可能实现。在理论上电长度增加 2π 电气性能并不发生什么变化,因此该电路输出端口间的隔离电阻 $3R_0$ 的连接,是通过两段特性阻抗为 $Z_\mathrm{C}=\sqrt{3}R_0$、长度为 $\lambda_\mathrm{g}/2$ 的传输线实现的,如图 3-28 所示。

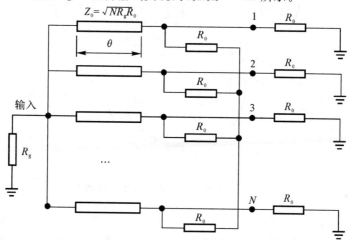

图 3-26　一分 N 路等分功率分配器等效电路

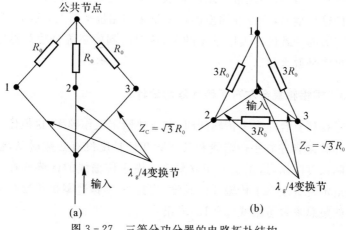

图 3-27　三等分功分器的电路拓扑结构

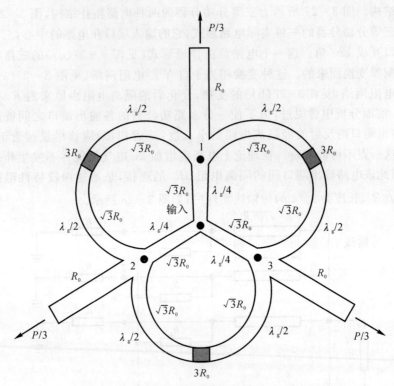

图 3-28 三等分功分器的一种实际电路形式

除了采用一分二路等分功分器级联的方式外,图 3-28 所示的电路形式是三等分功率分配器在平面电路中唯一可行的方案。对于这种平面电路形式的功率分配器来讲,它们通常采用同轴线中心馈电,由于其几何对称性,对于任何频率的输出信号,不论在输出的功率量级和相位平衡上,该功率分配器都有着非常完美的一致性。美中不足的是,这时得到的三等分功分器的隔离网络所占的尺寸是很大的。

3.2.3 零相移复合左右手传输线的设计

设计零相移复合左右手传输线时,首先要给定工作频率,这里使用角频率 ω,因为零相移复合左右手传输线和其实际几何长度没有必然联系,也就是说不受其实际长度限制,这正是零相移复合左右手传输线的优势所在。设计时需要事先给定复合左右手传输线的长度,记为 S,则构造零相移复合左右手传输线所需的集总参数可由式(3-13)求出:

$$L_R = \frac{2\pi S Z_C}{N\omega\lambda_g} \qquad (3-13a)$$

$$C_R = \frac{2\pi S}{N\omega\lambda_g Z_C} \qquad (3-13b)$$

$$L_L = \frac{N\lambda_g Z_C}{2\pi\omega S} \qquad (3-13c)$$

$$C_L = \frac{N\lambda_g}{2\pi\omega S Z_C} \qquad (3-13d)$$

式中,L_R,C_L 分别为串联电感和电容,L_L,C_R 分别为并联电感和电容,其中 L_R 和 C_R 是用来实现右手传输线的集总参数,对应于复合左右手传输线的右手部分;L_L 和 C_L 是用来实现左手传输线的集总参数,对应于复合左右手传输线的左手部分;N 为单元电路的级数,Z_C 为复合左右手传输线的特性阻抗,λ_g 为右手传输线对应于角频率 ω 的波导波长。

3.2.4　基于零相移复合左右手传输线的小型化三等分功分器

本节所设计的三等分功分器的工作频率为 1.6 GHz,对应的角频率记为 ω,微带结构的三等分功分器的设计在 3.2.2 节已经讲述,这里不再赘述。这里只需把隔离网络部分用零相移复合左右手传输线代替即可(即每段 $\lambda_g/2$ 传输线用一段零相移复合左右手传输线代替),所设计的零相移复合左右手传输线是用二级结构实现的,$S = 27.2$ mm,求得的左手部分电感 $L_L = 12.6$ nH,电容 $C_L = 1.7$ pF,采用 T 形网络,求得的 C_L 应当乘以 2。在整个设计过程中,采用了相对介电常数为 2.65、厚度为 1 mm 的聚四氟乙烯介质板。根据 3.1.4 节的分析可知,实际复合左右手传输线的左手部分不可避免地存在右手效应,特别是在对相位要求较高的场合(如移相器),很有必要对这种效应进行校正,通过观察 3.1.4 节中的校准数据发现,对于所采用的这种介质板,实际左手单元的右手效应和左手单元所占长度对应的微带线相移量大致相等,在对相位要求不高的场合,可以采用这种粗略的校准。

同时制作了一个传统的三等分功分器,以比较隔离网络改善前后的效果。图 3-29 所示为三等分功分器的实际电路;图 3-30 所示为三等分功分器传输系数的实验结果;图 3-31 所示为三等分功分器输出端口之间隔离度的实验结果;图 3-32 所示为三等分功分器各端口反射系数的实验结果。

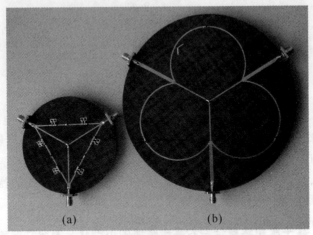

图 3 - 29　三等分功分器的实物图

(a)设计的三等分功分器；(b)传统三等分功分器

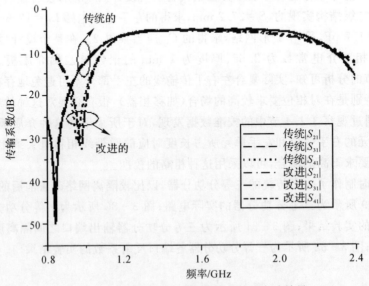

图 3 - 30　三等分功分器的传输系数的实验结果

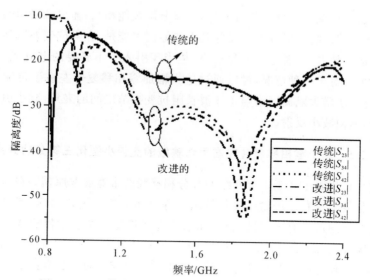

图 3 - 31　三等分功分器输出端口间的隔离度的实验结果

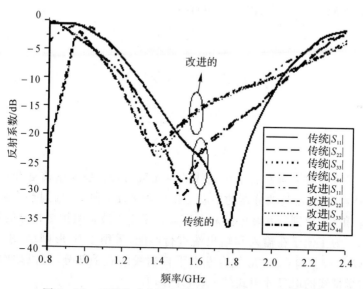

图 3 - 32　三等分功分器各端口的反射系数的实验结果

　　通过比较图 3 - 29 中的两个三等分功分器可以看出,隔离网络采用了复合左右手传输线后,三等分功分器的面积有了显著减小。新型三等分功分器的直径为 8.2 cm,传统三等分功分器的直径为 14.9 cm,可以算出新型三等分功分器的面积减小了 70%。由图 3 - 30~图 3 - 32 可以看出,改进后的三等分功分器和传统三等分功分器相比,功率分配性能相当;输出端口间的隔离度增大;但各端口的反射较大。反射较大的原因可能是,在阻抗变换节和隔离网络相交汇的地方,二者之间夹角过小,相当于引入了不必要的电抗成分,导致反射增大。对于这种情况,可以通过适当增加零相移复合左右手传输线的长度,以进一步增大隔离网络与1/4波长阻抗变换节之间的夹角,减小引入的电抗成分,从而减小反射。

3.2.5 基于零相移复合左右手传输线的宽带小型化三等分功分器

这个思想源于3.1.4节介绍的差分相移线的带宽展宽原理。在3.2.4节用零相移复合左右手传输线改善传统三等分功分器的隔离网络,使得整个三等分功分器的尺寸有了明显减小,如果把零相移复合左右手传输线的设计和带宽展宽原理结合起来,则可以设计出不但尺寸紧凑,而且带宽展宽的三等分功分器。所设计的三等分功分器的工作频率为1.6 GHz,对应的角频率记为ω,微带结构的三等分功分器的设计在3.2.2节已经讲述,这里不再赘述。令式(3-9)中的$\varphi_{CRLH,S}=0$,则式(3-9)变为

$$L_R = -\frac{Z_C \varphi_{RH}}{2N\omega} \tag{3-14a}$$

$$C_R = -\frac{\varphi_{RH}}{2NZ_C\omega} \tag{3-14b}$$

$$L_L = -\frac{2NZ_C}{\omega\varphi_{RH}} \tag{3-14c}$$

$$C_L = -\frac{2N}{Z_C\omega\varphi_{RH}} \tag{3-14d}$$

式中,N是零相移复合左右手传输线的单元数目,Z_C是零相移复合左右手传输线的特性阻抗,ω是功分器的中心工作角频率,L_R和C_L分别是串联电感和电容,L_L和C_R分别是并联电感和电容,φ_{RH}是1/4波长阻抗变换节的相移量,即$-\pi/2$。为了便于在输入和输出端进行匹配,采用了T形网络,求得的C_L应当乘以2。L_R和C_R对应复合左右手传输线的右手部分,可以用微带线代替,所需微带线的电尺寸由式(3-15)计算,有

$$\varphi = N\omega\sqrt{L_R C_R} \tag{3-15}$$

对应的几何参数可以利用仿真软件Serenade中的TRL工具计算得到。采用一级结构,求得的零相移复合左右手传输线的左手部分电感$L_L=10.97$ nH,电容$C_L=1.46$ pF,采用T形网络,求得的C_L应当乘以2,采用最接近的实际元件值,电感为12 nH,电容为3 pF,右手部分的长度为

16.3 mm。

　　求得的每段零相移复合左右手传输线的长度约为微带线的 1/8 波长,这样隔离网络的总长度也就是 1/4 波长,由于两输出端口之间的直线距离是1/4 波长的 $\sqrt{3}$ 倍,所以这样的结构是不能实现的。为了实现这样的结构,把 1/4 阻抗变换节长度的一半(即 1/8 波长)用集总参数元件 T 形低通网络代替,T 形低通网络的元件值可以根据下式求得,有

$$N\omega\sqrt{2L_RC_R} = \varphi_{RH} \qquad (3-16a)$$

$$\sqrt{2L_R/C_R} = Z_C \qquad (3-16b)$$

　　采用一级结构,求得的结果是 $L_R=3.38$ nH,$C_R=0.9$ pF,采用最接近的元件值,电感为 3.3 nH,电容为 1 pF。复合左右手传输线中左手部分的电感和 T 形低通网络的电容是通过金属化过孔接地的。在整个设计过程中,采用了厚度为 1 mm、相对介电常数为 2.65 的聚四氟乙烯基板。同样,根据 3.1.4 节的分析,对于所采用的这种介质板,实际左手单元的右手效应和左手单元所占长度对应的微带线相移量大致相等,这里采用这种粗略的校准。

　　运用电路仿真软件 Serenade 对所设计的三等分功分器进行了仿真,并和实验结果进行了对比。为了便于和传统三等分功分器进行比较,将传统三等分功分器的实物图一并给出。图 3-33 所示为三等分功分器的实际电路;图 3-34 所示为三等分功分器传输系数的仿真和实验结果;图 3-35 所示为三等分功分器各端口反射系数的仿真和实验结果;图 3-36 所示为三等分功分器输出端口之间隔离度的仿真和实验结果。

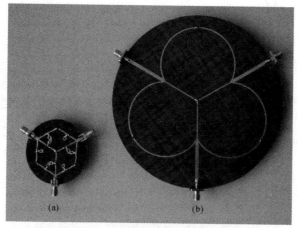

图 3-33　三等分功分器实物图
(a)新型三等分功分器;(b)传统三等分功分器

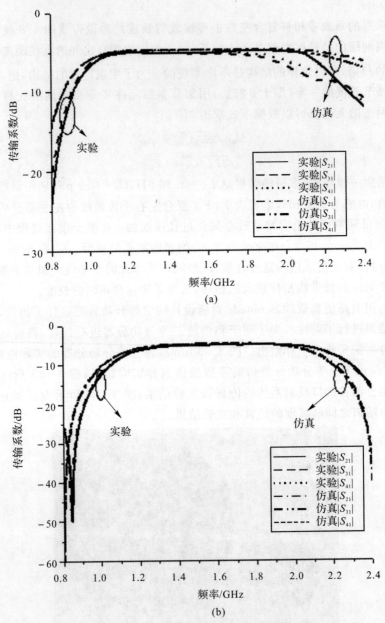

图 3 - 34 传输系数的仿真和实验结果

(a)新型三等分功分器;(b)传统三等分功分器

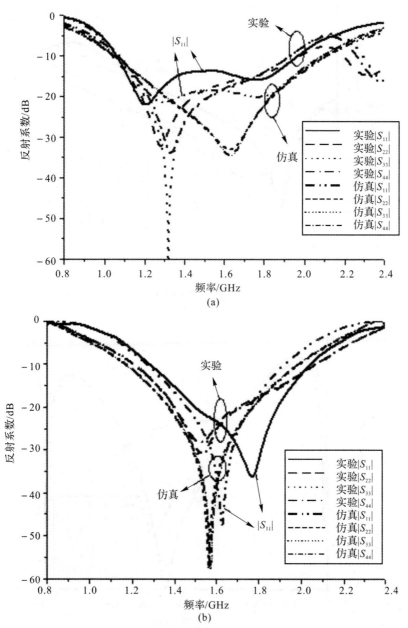

图 3-35　反射系数的仿真和实验结果

（a）新型三等分功分器；（b）传统三等分功分器

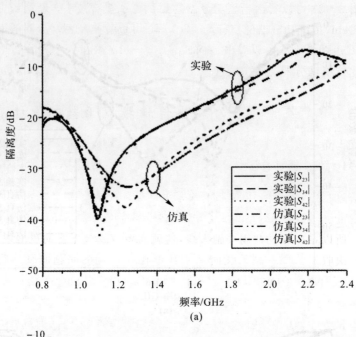

(a)

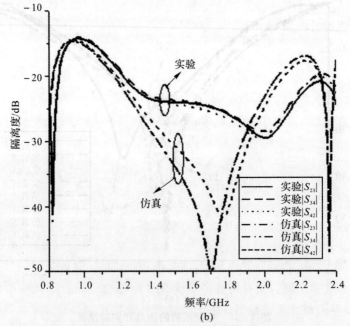

(b)

图 3-36 隔离度的仿真和实验结果

(a)新型三等分功分器；(b)传统三等分功分器

由图 3 - 33 可以看出新型功分器的面积有了显著减小。新型功分器的直径为 5.6 cm,传统功分器的直径为 14.9 cm,可以算出新型功分器的面积减小了 86%。由图 3 - 35 可以看出,在 $|S_{11}|$ 小于 -10 dB 时,实测的新型功分器的带宽比传统功分器的带宽增加了 18.4%。

3.3　基于复合左右手传输线双工器的设计

3.3.1　双工器简介

通信过程中,无线信号的接收和发射都需要通过天线,如果给收信机和发信机各配给一个天线,不但增加了成本、体积,而且天线传递信号之间还会相互干扰。所以希望收发共用一副天线,这就需要双工技术。简单地说,双工器就是为解决收发共用一副天线而又使其不相互影响的问题而设计的微波器件。若通信系统中收发使用同一频段,那么双工器就是一个收发开关,当发信机工作时,开关接通天线与发信机,将收信机断开,信号通过天线转换成电磁波发射出去。当天线接收信号时,控制电路将发信机断开,马上接通天线与收信机,接收天线传来的信号。收发位于不同的时间段,所以这种工作方式称为时分双工。若通信系统中收发使用不同的频段,这时收发可以同时进行,这种工作方式称为频分双工。为了使收发信号可以同时工作而又不相互影响,必须在天线后端接双工器将发射机与接收机隔离开。

以移动通信为例,系统前端中双工器的种类主要有以下几种。

(1)波导双工器。这种双工器在通信领域应用的时间最久也最成熟。波导双工器的优点是损耗低,实际应用中频率可以达到 100 GHz。但这种双工器的缺点是体积大,成本高,调谐困难。

(2)同轴双工器。同波导双工器相比,同轴双工器体积要小得多。和波导双工器一样,谐振回路由于其电磁场全部封闭在同轴腔内,故几乎没有辐射损耗。如用空气作为介质且内外导体表面镀银,则其介质损耗和欧姆损耗都很小,因此品质因数 Q 可以达到几千。并且具有稳定性高、屏蔽好、生产复制性强等优点[141]。但在移动通信频段内,其体积仍显较大。

(3)介质双工器。由介质滤波器构成。所谓介质滤波器是利用介质谐振器的滤波器。而介质谐振器是由于电磁波在介质内部进行反复地全反射所形成的。因为电磁波在高介质常数的物质里传播时,其波长可以缩短,正是利用这一特点可以构成微波谐振器[142]。介质谐振器可由介质常数比空气介质常数高出 20～100 倍的陶瓷构成。于是,介质滤波器与以往的空腔谐振器相比,可以实现小型化。因此,早在 20 世纪 70 年代,介质滤波器已广泛用于微波通信领域。跨入 80 年代,由于出现汽车电话和蜂窝电话,介质滤波器也用于移动通信领域。但是目前为止,它还没有得到广泛应用,主要是因为成本较高,实现批量生产比较困难。

(4)声表面波双工器。由声表面波(Surface Acoustic Wave,SAW)滤波器构成。声表面波滤波器是目前应用最多的信号处理器件,可以实现任意精度的频率特性,这是其他射频滤波器难以实现的,故声表面波滤波器在电子信息领域,特别在通信中得到了越来越广泛的应用[143]。声表面波滤波器的主要特点是设计灵活性大、模拟/数字兼容、群延迟时间偏差小和频率选择特性优良(中频,低于 1 GHz)、输入输出阻抗误差小、温度特性优异(适用于窄带滤波器)、抗电磁干扰性能好、可靠性高、制作的器件体积小、质量轻(其体积、质量分别是陶瓷介质滤波器的 1/40 和 1/30 左右),且能实现多种复杂的功能。声表面波滤波器的特征和优点,适应了现代通信系统设备及便携式电话轻薄短小化、数字化、高性能和高可靠性等方面的要求。其不足之处是所需基片材料价格昂贵;另外对基片的定向、切割、研磨、抛光和制造工艺要求高;高频承受功率低,带内插损相对较大(<5 dB),所以主要用于小型化要求很高的移动通信终端(如手机射频系统中的发射和接受双工器)。

随着移动通信技术的不断发展,双工器的发展要求其低成本、小型化、频段向高端发展。在此要求下,微带形式的双工器得到了很高的重视。通常,双工器由两个带通滤波器与匹配电路相连接而成。具有发端口、收端口和天线端口,是一个三端口网络。本节采用了一种与以往不同的新方案来设计频分双工器。

3.3.2 三端口网络

三端口元件可等效为三端口网络[130],如图 3 - 37 所示。

任意三端口网络的散射矩阵为

$$S = \begin{bmatrix} S_{11} & S_{12} & S_{13} \\ S_{21} & S_{22} & S_{23} \\ S_{31} & S_{32} & S_{33} \end{bmatrix} \qquad (3-17)$$

若元件是互易的,其 S 矩阵是对称的($S_{ij}=S_{ji}$),则式(3-17)变为

$$S = \begin{bmatrix} S_{11} & S_{12} & S_{13} \\ S_{12} & S_{22} & S_{23} \\ S_{13} & S_{23} & S_{33} \end{bmatrix} \qquad (3-18)$$

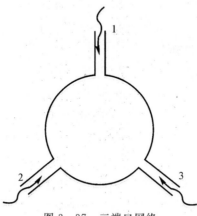

图 3-37　三端口网络

若三端口网络同时是无耗的,即无耗互易三端口网络,则有下述性质:

性质一　无耗互易三端口网络不可能完全匹配,即三个端口不可能同时都匹配。

证明　假如所有端口均匹配,则 $S_{ii}=0$（$i=1,2,3$）,则散射矩阵(3-18)简化为

$$S = \begin{bmatrix} 0 & S_{12} & S_{13} \\ S_{12} & 0 & S_{23} \\ S_{13} & S_{23} & 0 \end{bmatrix} \qquad (3-19)$$

若网络是无耗的,则由散射矩阵的幺正性,得到以下条件:

$$\left.\begin{array}{l} |S_{12}|^2 + |S_{13}|^2 = 1 \\ |S_{12}|^2 + |S_{23}|^2 = 1 \\ |S_{13}|^2 + |S_{23}|^2 = 1 \end{array}\right\} \text{振幅关系} \qquad (3-20)$$

$$\left.\begin{array}{l} S_{13}^* S_{23} = 0 \\ S_{23}^* S_{12} = 0 \\ S_{12}^* S_{13} = 0 \end{array}\right\} \text{相位关系} \qquad (3-21)$$

式(3-21)说明,三个参数(S_{12},S_{13},S_{23})中至少两个必须为零。但此条件与式(3-20)不相容。这说明一个三端口网络不可能同时做到无耗、互易和完全匹配。

性质二 无耗互易三端口网络的任意两个端口可以实现匹配。

证明 假定端口 1 和 2 为匹配端口,则其 **S** 矩阵可以写成

$$S = \begin{bmatrix} 0 & S_{12} & S_{13} \\ S_{12} & 0 & S_{23} \\ S_{13} & S_{23} & S_{33} \end{bmatrix} \tag{3-22}$$

因网络无耗,由幺正性得到

$$\left. \begin{aligned} S_{13}^* S_{23} &= 0 \\ S_{12}^* S_{13} + S_{23}^* S_{33} &= 0 \\ S_{23}^* S_{12} + S_{33}^* S_{13} &= 0 \end{aligned} \right\} \tag{3-23}$$

$$\left. \begin{aligned} |S_{12}|^2 + |S_{13}|^2 &= 1 \\ |S_{12}|^2 + |S_{23}|^2 &= 1 \\ |S_{13}|^2 + |S_{23}|^2 + |S_{33}|^2 &= 1 \end{aligned} \right\} \tag{3-24}$$

式(3-24)表明,$|S_{13}| = |S_{23}|$,于是由式(3-23)得到 $S_{13} = S_{23} = 0$,因此 $|S_{12}| = |S_{33}| = 1$,这样,其 **S** 矩阵可以写成

$$S = \begin{bmatrix} 0 & e^{j\theta} & 0 \\ e^{j\theta} & 0 & 0 \\ 0 & 0 & e^{j\theta} \end{bmatrix} \tag{3-25}$$

式(3-25)所示矩阵即表示两个端口(端口 1 和端口 2)匹配的无耗互易三端口网络。此时,网络实际上由两个无关的元件组成:一个是匹配的二端口传输线,另一个是全失配的一端口(端口 3)。得证。

3.3.3 复合左右手传输线的双频段工作原理

复合左右手传输线的双频段属性可以借助图 3-38 来进行理解[93]。根据第 2 章的理论分析,右手传输线的相位常数和特性阻抗分别为

$$\beta_R = \omega \sqrt{L_R' C_R'} \tag{3-26}$$

$$Z_0^R = \sqrt{L_R'/C_R'} \tag{3-27}$$

这样的传输线如果和特性阻抗为 Z_C 的端口进行匹配,同时满足在给定频率 ω_1 具有特定的相移,则必有下式成立:

$$Z_0^R = Z_C \tag{3-28}$$

$$\beta_R(\omega = \omega_1) = \beta_1 \tag{3-29}$$

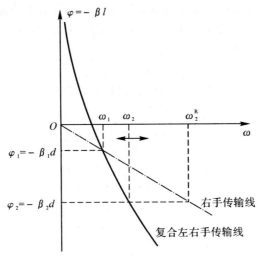

图 3 - 38　复合左右手传输线双频段工作原理

把式(3 - 28)、式(3 - 29)代入式(3 - 26)、式(3 - 27)得

$$L'_R = \frac{Z_C \beta_1}{\omega_1} \tag{3 - 30 a}$$

$$C'_R = \frac{\beta_1}{\omega_1 Z_C} \tag{3 - 30 b}$$

结果,右手传输线完全由匹配条件和给定的频率 ω_1 确定。对于与另一传播常数 β_2 相应的频点 ω_2 可以联立式(3 - 26)、式(3 - 27)和式(3 - 30),可得

$$\omega_2^R = \frac{\beta_2}{\beta_1} \omega_1 \tag{3 - 31}$$

对于实际的右手传输线而言,频率 ω_2 极有可能就是频率 ω_2^R。因此,可以说右手传输线是单频段的。

对于平衡复合左右手传输线而言,它的传播常数和特性阻抗由式(3 - 32)和式(3 - 33)给出:

$$\beta_{CRLH} = \beta_R + \beta_L = \omega \sqrt{L'_R C'_R} - \frac{1}{\omega \sqrt{L'_L C'_L}} \tag{3 - 32}$$

$$Z_0^{CRLH} = \sqrt{L'_L / C'_L} = \sqrt{L'_R / C'_R} \tag{3 - 33}$$

这样的传输线与特性阻抗为 Z_C 的端口进行匹配,同时满足在给定频率 ω_1 具有特定的相移,则需要下式成立:

$$Z_0^{CRLH} = Z_C \tag{3 - 34}$$

$$\beta_{CRLH}(\omega = \omega_1) = \beta_1 \tag{3 - 35}$$

把式(3-34)、式(3-35)代入式(3-32)、式(3-33),再加上匹配条件,可以产生含有四个未知数(L'_R,C'_R,L'_L,C'_L)的三个方程,四个未知量中的一个可以用来调整以满足如下条件:

$$\beta(\omega_2) = \beta_2 \qquad (3-36)$$

根据图3-38所示的色散曲线,经过计算,双频段复合左右手传输线的参数可由下式求得:

$$L'_R = \frac{Z_C[\beta_2 - \beta_1(\omega_1/\omega_2)]}{\omega_2[1 - (\omega_1/\omega_2)^2]} \qquad (3-37a)$$

$$C'_R = \frac{\beta_2 - \beta_1(\omega_1/\omega_2)}{\omega_2 Z_C[1 - (\omega_1/\omega_2)^2]} \qquad (3-37b)$$

$$L'_L = \frac{Z_C[1 - (\omega_1/\omega_2)^2]}{\omega_1[\beta_2(\omega_1/\omega_2) - \beta_1]} \qquad (3-37c)$$

$$C'_L = \frac{1 - (\omega_1/\omega_2)^2}{\omega_1 Z_C[\beta_2(\omega_1/\omega_2) - \beta_1]} \qquad (3-37d)$$

上式求得的是理想复合左右手传输线的分布参数,而实际中,往往是在关心的频率范围内使用具有相同响应的 $L-C$ 网络来实现,所需的集总参数可以由下式求得:

$$L_R = \frac{Z_C[\varphi_1(\omega_1/\omega_2) - \varphi_2]}{N\omega_2[1 - (\omega_1/\omega_2)^2]} \qquad (3-38a)$$

$$C_R = \frac{\varphi_1(\omega_1/\omega_2) - \varphi_2}{N\omega_2 Z_C[1 - (\omega_1/\omega_2)^2]} \qquad (3-38b)$$

$$L_L = \frac{NZ_C[1 - (\omega_1/\omega_2)^2]}{\omega_1[\varphi_1 - \varphi_2(\omega_1/\omega_2)]} \qquad (3-38c)$$

$$C_L = \frac{N[1 - (\omega_1/\omega_2)^2]}{\omega_1 Z_C[\varphi_1 - \varphi_2(\omega_1/\omega_2)]} \qquad (3-38d)$$

式中,L_R,C_L 分别为串联电感和电容,L_L,C_R 分别为并联电感和电容,其中 L_R 和 C_R 是用来实现右手传输线的元件,可以用传统传输线来代替,这里采用微带线;L_L 和 C_L 是用来实现左手传输线的元件,用集总参数元件来实现;N 为单元电路的级数,Z_C 为传输线的特性阻抗。

3.3.4　基于复合左右手传输线双工器的设计与实验

这种基于复合左右手传输线双工器的设计是源于无耗互易三端口网络的性质。根据无耗互易三端口网络的性质,可以设计出两个端口匹配而另一端口失配的三端口网络,如果把工作在不同频段的这样两个三端口网络复合在一起,则可以实现频分双工器。复合左右手传输线因为具有双频段的属性,恰好能够实现这一设想。双工器的物理结构类似于传统的混合环,不过只有三个端口。其工作原理是,不妨以端口 1 为参照,工作在 ω_1 时,端口 2 与之匹配,则端口 1 和端口 2 之间的两支路电尺寸之和应为一个波导波长或其整数倍;端口 3 失配,则端口 1 和端口 3 之间的两支路电尺寸之差应为半个波导波长或其奇数倍,工作在 ω_2 时,可以类推。本节根据上述原理,利用复合左右手传输线的双频段特性,将工作在不同频率的两个三端口网络合二为一,设计成一个三端口的双工器,该双工器的两个工作频率分别为 1 GHz 和 1.72 GHz,理论上可以设计出工作在任意两个频率的双工器。

根据无耗互易三端口网络的两个重要性质,当双工器工作在 1 GHz 时,1 口和 2 口匹配,3 口全失配;工作在 1.72 GHz 时,1 口和 3 口匹配,2 口全失配,分别用散射矩阵 $\boldsymbol{S}_\mathrm{L}$ 和 $\boldsymbol{S}_\mathrm{H}$ 表示,则有

$$\boldsymbol{S}_\mathrm{L} = \begin{bmatrix} 0 & 1 & 0 \\ 1 & 0 & 0 \\ 0 & 0 & 1 \end{bmatrix} \tag{3-39}$$

$$\boldsymbol{S}_\mathrm{H} = \begin{bmatrix} 0 & 0 & 1 \\ 0 & 1 & 0 \\ 1 & 0 & 0 \end{bmatrix} \tag{3-40}$$

利用复合左右手传输线的双频段特性来实现上述散射矩阵所描述的网络特性。双工器的两个工作频率分别为 1 GHz 和 1.72 GHz,它们对应的角频率分别记为 ω_1 和 ω_2。根据上述设计原理,事先给出每个频点对应的三段传输线各自的电长度(每一个频点都会有多组解,只需选用一组,这个过程也可借助微波电路仿真软件 Serenade 中的优化工具来完成),然后根据每一段传输线在两频点上的不同相移量(分别记为 φ_1 和 φ_2),通过式(3-38)求出构造复合左右手传输线所需的元件参数,重复上述步骤计算出构造另外两段复合左右手传输线所需的集总元件参数。

为了保证至少 $L_\mathrm{R}, C_\mathrm{R}$ 为正值,φ_1 和 φ_2 还需满足条件:

$$\varphi_1 \omega_1 \geqslant \varphi_2 \omega_2 \tag{3-41}$$

如不满足,可将 φ_1 加上 2π 后,再进行计算。

将每段复合左右手传输线的右手部分 L_R 和 C_R 用微带线代替,所需的电尺寸为

$$\varphi_\mathrm{R} = N\omega_1\sqrt{L_\mathrm{R}C_\mathrm{R}} \tag{3-42}$$

如果求得的 C_L 和 L_L 为负值,可以利用下式求得所对应的微带线的电尺寸:

$$\varphi_{L} = \frac{N}{\omega_2 \sqrt{L_L C_L}} \tag{3-43}$$

根据所求得的电尺寸,利用 Serenade 仿真软件的 TRL 工具可以方便地计算出微带线的几何参数。

根据设计出的复合左右手传输线,在 Serenade 软件中建立了双工器的原理图,并进行了仿真,双工器三个端口微带线的特性阻抗为 $Z_C/2$,即 50 Ω。表 3-3 给出了构成双工器的三段传输线的参数。整个设计过程采用了厚度为 1 mm、相对介电常数为 2.65 的聚四氟乙烯基板,根据 3.1.4 节的分析,对于所采用的这种介质板,右手效应的校准采用前述功分器中的粗略校准。图 3-39 所示为双工器的实际电路图;图 3-40 所示为双工器传输系数的仿真和实验结果;图 3-41 所示为双工器反射系数的仿真和实验结果;图 3-42 所示为双工器两输出端口间隔离度的仿真和实验结果。

表 3-3　构造复合左右手传输线所需元件值

复合左右手传输线线段部分	电感/nH	电容/pF	右手部分/mm
Ⅰ	—	—	40
Ⅱ	12+12	5	70
Ⅲ	12	2.2	162

注:+表示串联。

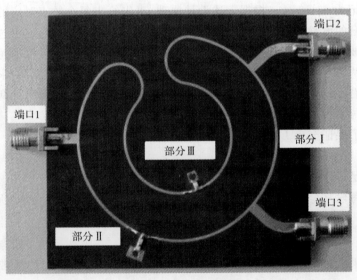

图 3-39　双工器实物图

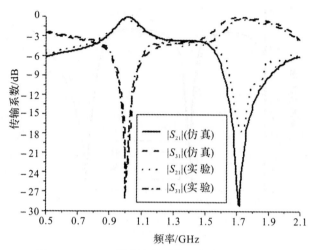

图 3 - 40　双工器的传输系数的仿真和实验结果

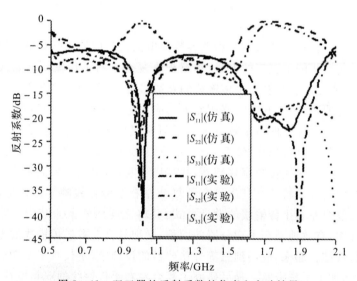

图 3 - 41　双工器的反射系数的仿真和实验结果

　　通过比较可以看出，仿真结果和实验结果吻合很好。在 1 GHz，端口 2 直通，$|S_{21}|=-0.4$ dB，端口 3 隔离，$|S_{31}|=-28.3$ dB；在 1.72 GHz，端口 3 直通，$|S_{31}|=-0.27$ dB，端口 2 隔离，$|S_{21}|=-17.7$ dB；在这两个频点上，隔离度 $|S_{23}|$ 分别为 -25.6 dB 和 -21.4 dB。可见所设计的双工器能够有效实现两个频率的分离。

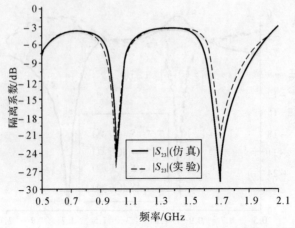

图 3-42 双工器两输出端口间的隔离度的仿真和实验结果

3.4 小   结

　　用表面贴装技术片式电感和电容替换电路模型中的电感和电容是构造复合左右手传输线的最直接的方式,本章根据复合左右手传输线的非线性色散关系,首先研究了复合左右手传输线的宽频带特性,分析了复合左右手传输线的频带展宽原理,对其开关线移相器中的应用进行了研究;对实际复合左右手传输线中的左手部分的右手效应进行了研究,提出了测量右手效应的相位比较法,制作了测量电路;在 22.5°,45°,90°和 180°开关线移相器研究的基础上,设计了一个开关线 4 位数字移相器,并制作了实物,实验结果证实了复合左右手传输线的宽频带特性。其次研究了复合左右手传输线的零相移特性,给出了零相移复合左右手传输线的设计公式,并将之应用到平面结构三等分功分器的设计中,有效地减小了功分器的面积;又把复合左右手传输线的零相移和宽频带特性结合起来,应用到三等分功分器的设计中,不仅减小了功分器的面积,而且增加了工作带宽。最后研究了复合左右手传输线的双频段特性,结合无耗互易三端口网络的性质,提出了一种新的双工器设计方法,并将其应用于双工器的设计,新方法设计思路清晰,设计过程简单,避免了传统双工器设计中烦琐的滤波器和匹配电路设计过程。制作了双工器,并进行了实验,实验结果验证了新设计方法的正确性。

第 4 章　基于分布参数效应复合左右手 传输线的实现及应用

如 2.6 节所述，基于 L-C 网络的复合左右手传输线用分布参数元件来实现时，除了较为直观的分布参数元件外，如交指电容、短路支节电感等，还有一类是不很直观的、可以说是基于等效方式实现的结构，如逆开环谐振器。本章主要针对基于等效方式的复合左右手传输线结构进行研究。

4.1　逆开环谐振器

逆开环谐振器是基于等效方式的复合左右手传输线结构的一类典型代表，它是最初设计左手材料的主要结构单元开环谐振器的互补结构，对它的电磁特性分析和工作机理的探讨有助于新结构的设计。

4.1.1　逆开环谐振器的负介电常数效应

在左手材料的最初研究中，负的磁导率是由周期排列的开环谐振器产生的。开环谐振器本质上是一种在微波频段具有高品质因数的小的谐振结构，如图 4-1(a)所示。当开环谐振器被平行于其轴的磁场激发时，将产生环绕开环谐振器的电流回路，该电流回路通过开环谐振器开口处的电容闭合。因此，开环谐振器可以用 L-C 回路表示[78,144-145]。从对偶与互补性考虑，可由开环谐振器结构推导出逆开环谐振器结构，其结构如图 4-1(b)所示，图中的灰色部分表示金属导体。该结构的电磁特性与开环谐振器的电磁特性正好互补，因此，逆开环谐振器是通过与其轴平行的电场激发的，并可在其谐振频率周围产生负介电常数的效应。当逆开环谐振器被制作在微带线的接地板上时，由于其负介电常数效应，可以产生阻带现象[146-148]。其等效电路如图 4-2 所示，L 表示与逆开环谐振器发生作用的微带线的线电感，C 代表线电容，L_c，C_c 代表逆开环谐振器通过电耦合后的谐振回路。由图 4-2 中可以看出，在小于逆开环谐振器谐振频率的一个窄频带内，并联支路由容性阻抗变为感性阻抗，由于逆开环谐振器的尺寸相对于所研究频段的波长很小，因此可以将此时加载有逆开环谐振器的微带线视为制作在一新的均匀介质上的微带传输线，由 2.3 节可知,材料的介电常数与复合左右手传输线等效模型的导纳发生关系〔见式(2-46)〕,即此时并联支路上的感性阻抗就对应着等效负介电常数。

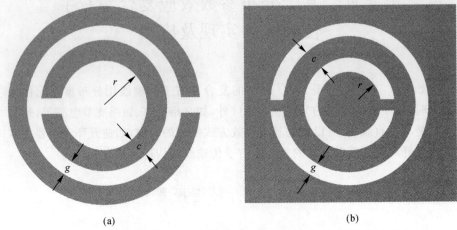

(a)   (b)

图 4-1　开环谐振器和逆开环谐振器示意图

(a)开环谐振器;(b)逆开环谐振器

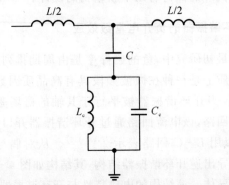

图 4-2　加载逆开环谐振器微带线的等效电路图

逆开环谐振器的尺寸设计为:$r=2.2$ mm,$c=0.3$ mm,$g=0.5$ mm,微带线制作在相对介电常数为 2.65 的介质基片上,介质基片厚度为 0.5 mm,微带线宽度 $w=1.33$ mm,长度 $l=20$ mm。采用 Ansoft Designer 对该结构进行仿真,仿真得到的 S 参数如图 4-3 所示。由图 4-3 中可以看出,在 3.7 GHz 附近出现一个明显的阻带。利用微波电路仿真软件 Serenade 8.7 中的优化拟合工具,可以得到等效电路模型中的各个参数值,它们分别是:$L=1.50$ nH,$C=0.42$ pF,$L_c=3.33$ nH,$C_c=0.16$ pF。

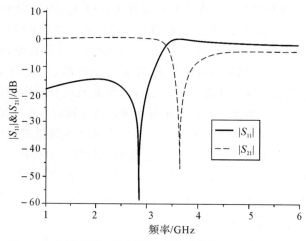

图 4 - 3　加载逆开环谐振器的微带线结构 S 参数仿真结果

4.1.2　基于逆开环谐振器的左手传输通带

　　开环谐振器可以在其谐振频率周围产生等效负磁导率,而金属导线可以在其等离子体频率下产生等效负介电常数,因此将开环谐振器与金属导线结合并周期排列,就可以构造出左手传输带。由于逆开环谐振器与开环谐振器之间具有对偶性,因此逆开环谐振器可以在其谐振频率周围产生等效负介电常数,那么可以想象,如果将可以产生负磁导率效应的材料与逆开环谐振器相结合,应该也会产生出左手传输通带。由 2.3 节可知,材料的磁导率与复合左右手传输线等效模型的阻抗发生关系〔见式(2 - 45)〕,即此时串联支路上的容性阻抗就对应着等效负磁导率,而微带线的容性间隙可以产生这种效应。因此将逆开环谐振器与微带容性间隙相结合,就可以在一定的频率范围内获得左手传输特性[84,108,149-150],该结构如图 4 - 4 所示。

　　此时该结构的等效电路如图 4 - 5 所示,其中的 C_g 表示微带线间隙的电容效应,由于逆开环谐振器的作用,C_g 的值将不同于简单的间隙电容计算公式所计算出的值。而 C 则除了包含线电容,还包括微带线间隙与逆开环谐振器的边缘电容效应。从等效电路上可以看出,在 $1/\sqrt{L_c(C+C_c)}$ 与 $1/\sqrt{L_cC_c}$ 之间的频率范围内,并联支路上呈现出感性阻抗,这对应着等效负介电常数;在小于 $1/\sqrt{LC_g}$ 的频率范围内,串联支路上呈现出容性阻抗,这对应着等效负磁导率。因此,当 $\sqrt{LC_g}<\sqrt{L_cC_c}$ 时,负磁导率与负介电常数在一定的频率范围内

重合,表现出左手传输特性。为了验证该理论,逆开环谐振器与微带线的尺寸采用与上节一样的设计,所不同的是微带线之间有一个宽度为 $g_1 = 0.8$ mm 的间隙,该结构的传输特性采用 Ansoft Designer 仿真,仿真得到的 S 参数如图 4-6 所示。从仿真结果中可以看出,在 3.5 GHz 附近出现了传输通带,而本来这段频带是由于逆开环谐振器的负介电常数效应所产生的阻带,因此该通带正是由于间隙电容所产生的负磁导率效应所导致的左手通带。而在低频段,是传输阻带,正对应了正介电常数负磁导率所产生的阻带效应,因此可以证明前面的分析是正确的。利用微波电路仿真软件 Serenade 8.7 中的优化拟合工具,可以得到等效电路模型中的各个参数值,它们分别是:$L = 1.40$ nH,$C = 10.42$ pF,$L_c = 2.76$ nH,$C_c = 0.16$ pF,$C_g = 0.22$ pF。

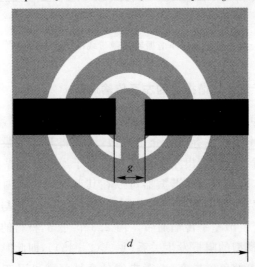

图 4-4　基于逆开环谐振器的左手微带线结构示意图

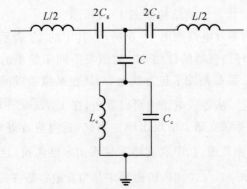

　图 4-5　基于逆开环谐振器的左手微带线结构等效电路图

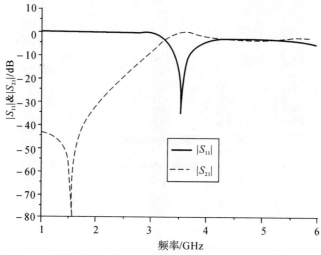

图 4 - 6 基于逆开环谐振器的左手微带线结构 S 参数仿真结果

4.2 新型复合左右手传输线结构

之前的逆开环谐振器结构多为两个同心环结构,基于这类结构的复合左右手传输线的典型 S 参数曲线如图 4 - 6 所示,由图可以看出,基于这种逆开环谐振器结构的复合左右手传输线通带内的带宽还比较窄,带外抑制的变化还比较缓慢,这就限制了传统逆开环谐振器结构的应用。因此尝试新的复合左右手传输线结构、研究其特性、探索其应用就显得很有意义,本节在传统逆开环谐振器结构的基础上,提出了一种新的结构,研究了它的结构参数和基板介电常数对其 S 参数的影响,提出了其等效电路模型,并对它的应用进行了探讨。

4.2.1 新型结构复合左右手特性的证明

新型复合左右手传输线结构的示意图如图 4 - 7 所示。灰色区域为微带地板,白色部分为地板上的缺陷,黑色部分为微带线。介质板采用的是微波复合介质 tp - 2 板,其相对介电常数为 9.6,厚度为 0.65 mm。

对于新结构复合左右手属性的证明,可以参照 4.1 节中的方法,即先分析微带线未开缝、只有缺陷地结构时的电磁传输特性;再分析在缺陷地基础上微带线开缝时的电磁传输特性,将前后两种情况进行比较,就可鉴别出所提结构是否为复合左右手传输线结构。

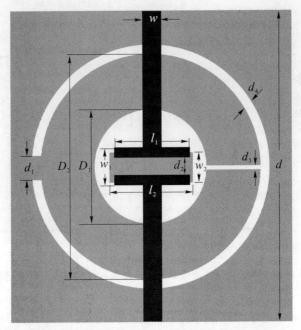

图 4-7 新型复合左右手传输线结构的示意图

先观察第一种情况,在 Ansoft Designer 中建立几何模型,给定一组参数:$d_1 = 0.5$ mm,$d_2 = 0$ mm,$d_3 = 0.2$ mm,$d_4 = 0.2$ mm,$l_1 = 2.7$ mm,$w_1 = 1.2$ mm,$l_2 = 2.7$ mm,$w_2 = 1$ mm,$D_1 = 3.6$ mm,$D_2 = 7.2$ mm,$w = 0.64$ mm,$l = 9.6$ mm,然后进行仿真,得到的 S 参数如图 4-8 所示,可以看出,在 2.9 GHz 附近出现一个明显的阻带。

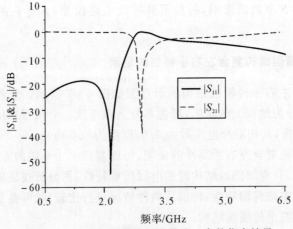

图 4-8 加载新型结构的微带线 S 参数仿真结果

　　再观察第二种情况,在原结构的基础上,使微带线开缝,让 $d_2 = 0.5$ mm,保持其余参数不变,然后进行仿真,得到的 S 参数如图 4-9 所示。由仿真结果可以看出,在 3.2 GHz 附近出现了传输通带,而本来这段频带是由于微带线不开缝、仅有缺陷地结构的负介电常数效应所产生的阻带,因此该通带正是由于微带间隙电容所产生的负磁导率效应所导致的左手通带。而在低频段,是传输阻带,正对应了正介电常数负磁导率所产生的阻带效应,因此可以证明所提的新型结构是一种复合左右手传输线结构。

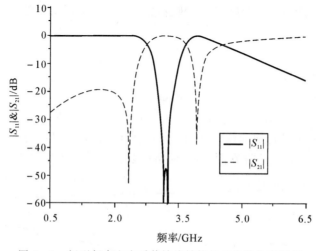

图 4-9　新型复合左右手传输线结构的 S 参数仿真结果

　　在分析新型复合左右手传输线结构单元电磁特性的基础上,考察其周期特性,根据 2.4 节中介绍的 Bloch-Floquet 理论,计算其色散关系,将式(2-48)重写,有

$$\beta(\omega) = (1/d)\arccos(1 + ZY/2) \tag{4-1}$$

这里并不能直接运用式(4-1)来进行计算,因为我们能够直接获得的是结构的 S 参数,而 S 参数需要经过一系列的变化才能应用于式(4-1)。首先要把 S 参数转化成 Z 参数[151],则有

$$Z_{11} = Z_{c1}\frac{1 - |\boldsymbol{S}| + S_{11} - S_{22}}{|\boldsymbol{S}| + 1 - S_{11} - S_{22}} \tag{4-2a}$$

$$Z_{12} = \sqrt{Z_{c1}Z_{c2}}\,\frac{2S_{12}}{|\boldsymbol{S}| + 1 - S_{11} - S_{22}} \tag{4-2b}$$

$$Z_{21} = \sqrt{Z_{c1}Z_{c2}}\,\frac{2S_{21}}{|\boldsymbol{S}| + 1 - S_{11} - S_{22}} \tag{4-2c}$$

$$Z_{22} = Z_{c2} \frac{1 - |\boldsymbol{S}| - S_{11} + S_{22}}{|\boldsymbol{S}| + 1 - S_{11} - S_{22}} \qquad (4-2\mathrm{d})$$

因为新结构是一个对称结构，且端接的传输线的特性阻抗 $Z_{c1} = Z_{c2}$，所以有 $S_{11} = S_{22}$，同时是无耗互易网络，则 $S_{12} = S_{21}$，因此，式(4-2)可以简化为

$$Z_{11} = Z_{22} = Z_{c1} \frac{1 - |\boldsymbol{S}|}{|\boldsymbol{S}| + 1 - 2S_{11}} \qquad (4-3\mathrm{a})$$

$$Z_{12} = Z_{21} = Z_{c1} \frac{2S_{21}}{|\boldsymbol{S}| + 1 - 2S_{11}} \qquad (4-3\mathrm{b})$$

若将所提结构等效为一对称 T 形网络，如图 4-10(a)所示，则有

$$Z_1 = Z_{11} - Z_{12} \qquad (4-4\mathrm{a})$$

$$Z_2 = Z_{12} = Z_{21} \qquad (4-4\mathrm{b})$$

联系式(4-2)，则有

$$\beta(\omega)d = \arccos(1 + Z_1/Z_2) \qquad (4-5)$$

联立式(4-3)、式(4-4)和式(4-5)，可以计算所提结构的色散关系，图 4-10(b)绘制了其色散曲线。从图中可以看出，在 3.2 GHz 附近，周期结构的相位常数为零，并且不存在阻带，表明所提复合左右手传输线结构是一个平衡结构，在此处复合左右手传输线结构由左手传输通带向右手传输通带过渡。

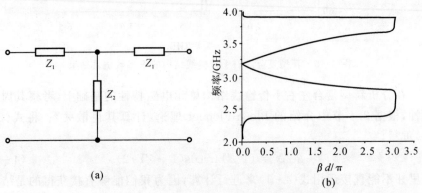

(a)   (b)

图 4-10 新结构的 T 形等效网络和色散曲线

(a)T 形等效网络；(b)色散曲线

4.2.2 各参数的变化对新结构电磁特性的影响

为了对新结构有一个全面深入的认识，本节讨论了与新结构有关的主要参数的变化对其传输特性的影响，这些参数包括 d_1, d_2, d_3, D_1, D_2，介质板的厚度 h 以及介质的相对介电常数 ε_r。给定一组基准参数：$d_1 = 0.5$ mm，$d_2 =$

$0.5 \text{ mm}, d_3 = 0.2 \text{ mm}, d_4 = 0.2 \text{ mm}, l_1 = 2.7 \text{ mm}, w_1 = 1.2 \text{ mm}, l_2 = 2.7 \text{ mm},$
$w_2 = 1 \text{ mm}, D_1 = 3.6 \text{ mm}, D_2 = 7.2 \text{ mm}, w = 0.64 \text{ mm}, l = 9.6 \text{ mm}$。这一分析过程借助仿真软件 Ansoft Designer 来完成。

1. 尺寸 d_1

d_1 是地面缺陷中最外面的环的开口宽度,保持其余参数不变,依次改变 $d_1(d_1 = 0.1 \text{ mm}, 0.3 \text{ mm}, 0.5 \text{ mm}, 0.7 \text{ mm}, 0.9 \text{ mm})$,得到新结构的 S 参数随 d_1 变化的曲线,如图 4-11 所示。观察发现,$|S_{11}|$ 曲线有两个反射零点,随着 d_1 的增加,低端反射零点逐渐上移,而高端反射零点轻微下移,不及低端反射零点上移速度快,最后因两反射零点相互靠得太近而合二为一,可见 d_1 的变化主要影响低端反射零点;$|S_{21}|$ 曲线有两个传输零点,随着 d_1 的增加,低端传输零点逐渐上移,而高端传输零点几乎不动,可见 d_1 的变化主要影响低端传输零点。同时,随着 d_1 的增加,通带宽度逐渐变窄。

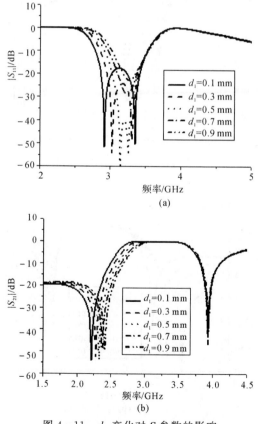

图 4-11　d_1 变化对 S 参数的影响

2. 尺寸 d_2

d_2 是微带线上所开缝隙的宽度，保持其余参数不变，依次改变 d_2($d_2=$ 0.1 mm，0.3 mm，0.5 mm，0.7 mm，0.9 mm)，得到新结构的 S 参数随 d_2 变化的曲线，如图 4-12 所示。由仿真结果可以看出，$|S_{11}|$ 曲线开始只有一个反射零点，随着 d_2 的增加，出现两个反射零点，说明原先的一个反射零点是因为两个反射零点靠得太近造成的，随着 d_2 的增加，低端反射零点继续下移，高端反射零点则继续上移，速度相当，可见 d_2 的变化不但影响低端反射零点，而且影响高端反射零点；$|S_{21}|$ 曲线有两个传输零点，随着 d_2 的增加，低端传输零点逐渐下移，高端传输零点逐渐上移，速度稍慢，可见 d_2 的变化既影响低端传输零点，又影响高端传输零点。同时，随着 d_2 的增加，通带宽度逐渐变宽。

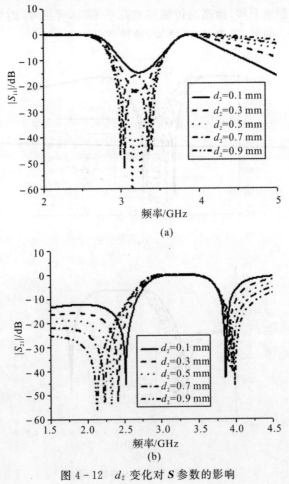

图 4-12　d_2 变化对 S 参数的影响

3.尺寸 d_3

d_3 是地面缺陷最外面的环上所串联的槽线的宽度,保持其余参数不变,依次改变 $d_3(d_3=0.1\ \text{mm},0.3\ \text{mm},0.5\ \text{mm},0.7\ \text{mm},0.9\ \text{mm})$,得到新结构的 S 参数随 d_3 变化的曲线,如图 4 - 13 所示。由图可以看出,$|S_{11}|$ 曲线开始只有一个反射零点,随着 d_3 的增加,出现两个反射零点,说明原先的一个反射零点是因为两个反射零点靠得太近造成的,并且随着 d_3 的增加,分离后的低端反射零点几乎固定不动,而高端反射零点逐渐上移,可见 d_3 的变化主要影响高端反射零点;$|S_{21}|$ 曲线有两个传输零点,随着 d_3 的增加,低端传输零点固定不动,高端传输零点逐渐上移,但速度越来越慢,可见 d_3 的变化只影响高端传输零点。同时,随着 d_3 的增加,通带宽度逐渐变宽。

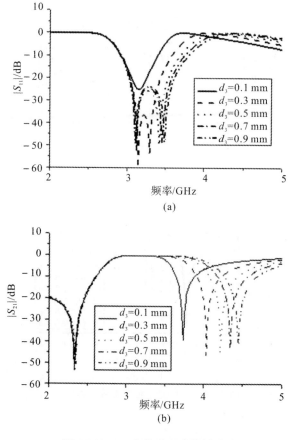

图 4 - 13　d_3 变化对 S 参数的影响

4. 尺寸 D_1

D_1 是地面缺陷最里面的圆的直径,保持其余参数不变,依次改变 D_1 (D_1 =3.4 mm,4.2 mm,5 mm,5.8 mm,6.6 mm),得到新结构的 $\boldsymbol{S}$ 参数随 D_1 变化的曲线,如图 4-14 所示。由图可以看出,$|S_{11}|$ 曲线开始有两个反射零点,随着 D_1 的增加,低端反射零点几乎固定不动,而高端反射零点下移,进而与低端反射零点合二为一,可见 D_1 的变化主要影响高端反射零点;$|S_{21}|$ 曲线有两个传输零点,随着 D_1 的增加,低端传输零点逐渐上移,高端传输零点逐渐下移,可见 D_1 的变化既影响低端传输零点,又影响高端传输零点。同时,随着 D_1 的增加,通带宽度逐渐变窄。

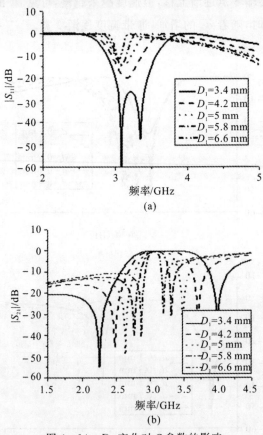

图 4-14 D_1 变化对 $\boldsymbol{S}$ 参数的影响

5. 尺寸 D_2

D_2 是地面缺陷最外面的圆环的内直径,保持其余参数不变,依次改变 D_2

$(D_2=6\ mm, 7\ mm, 8\ mm, 9\ mm, 10\ mm)$，得到新结构的 $\boldsymbol{S}$ 参数随 D_2 变化的曲线，如图 4-15 所示。由图可以看出，$|S_{11}|$ 曲线开始只有一个反射零点，随着 D_2 的增加，反射零点逐渐下移，下移幅度大，并且逐渐分离出两个反射零点，可见 D_2 的变化既影响低端反射零点，又影响高端反射零点；$|S_{21}|$ 曲线有两个传输零点，随着 D_2 的增加，低端传输零点和高端传输零点均逐渐下移，下移幅度大，且速度相当，可见 D_2 的变化既影响低端传输零点，又影响高端传输零点。同时，随着 D_2 的增加，通带宽度变化不大。

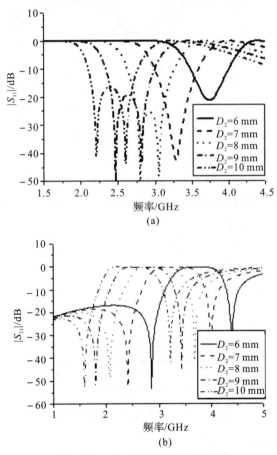

图 4-15　D_2 变化对 $\boldsymbol{S}$ 参数的影响

6. 基板厚度 h

保持其余参数不变，依次改变 $h(h=0.4\ mm, 0.5\ mm, 0.6\ mm, 0.7\ mm, 0.8\ mm)$，得到新结构的 $\boldsymbol{S}$ 参数随 h 变化的曲线，如图 4-16 所示。由图可以

看出,$|S_{11}|$曲线开始只有一个反射零点,随着h的增加,反射零点逐渐下移,并且逐渐分离出两个反射零点,可见h的变化既影响低端反射零点,又影响高端反射零点;$|S_{21}|$曲线有两个传输零点,随着h的增加,低端传输零点和高端传输零点均逐渐下移,且速度相当,可见h的变化既影响低端传输零点,又影响高端传输零点。同时,随着h的增加,通带宽度变化不大。

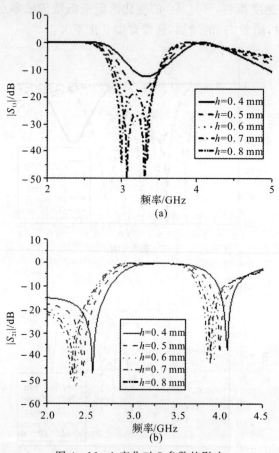

图 4 - 16 h 变化对 S 参数的影响

7. 相对介电常数 ε_r

保持其余参数不变,依次改变 $\varepsilon_r(\varepsilon_r=6,7,8,9,10)$,得到新结构的 S 参数随 ε_r 变化的曲线,如图 4 - 17 所示。从图中可以看出,$|S_{11}|$ 曲线开始有两个反射零点,随着 ε_r 的增加,低端反射零点和高端反射零点均逐渐下移,可见 ε_r 的变化同时影响低端反射零点和高端反射零点;$|S_{21}|$ 曲线有两个传输零点,

随着 ε_r 的增加,低端传输零点和高端传输零点均逐渐下移,且高端传输零点下移速度稍快,可见 ε_r 的变化既影响低端传输零点,又影响高端传输零点。同时,随着 ε_r 的增加,通带宽度变化不大。

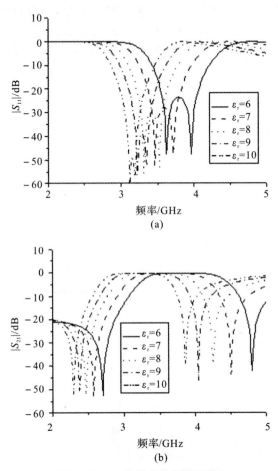

图 4 - 17　ε_r 变化对 $\boldsymbol{S}$ 参数的影响

4.2.3　等效电路模型的提取

在上一节的研究基础上,提出了新结构单元的等效电路模型,如图 4 - 18 所示。在 Ansoft Designer 中建立新结构单元的物理模型,给定一组参数: $d_1 = 0.5$ mm, $d_2 = 0.5$ mm, $d_3 = 0.2$ mm, $d_4 = 0.2$ mm, $l_1 = 2.7$ mm, $w_1 = 1.2$ mm, $l_2 = 2.7$ mm, $w_2 = 1$ mm, $D_1 = 3.6$ mm, $D_2 = 7.2$ mm, $w = 0.64$ mm,

$l=9.6$ mm,仿真得到新结构单元的 S 参数,然后利用电路仿真软件 Serenade 中的优化拟合工具来提取等效电路模型中各元件参数的值,拟合的结果是: $C_1=0.577$ pF,$C_2=2.751$ pF,$C_3=7.585$ pF,$L_1=2.91$ nH,$L_2=0.856$ nH,$L_3=0.22$ nH,$L_4=5.172$ nH。将 Ansoft Designer 仿真得到的 S 参数和等效电路模型得到的 S 参数进行比较,如图 4-19 所示。从图中可以看出,由等效电路模型得到的 S 参数和 Ansoft Designer 仿真得到的 S 参数趋势一致,拟合良好。

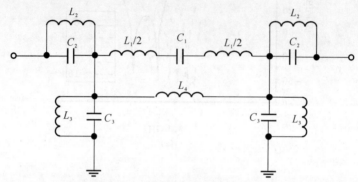

图 4-18 新结构单元等效电路模型

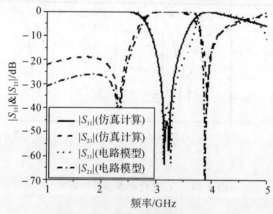

图 4-19 新结构单元的 S 参数

根据等效电路模型,可以直接写出两传输零点的计算公式,有

$$f_1 = \frac{1}{2\pi\sqrt{C_1(L_1+L_4)}} \tag{4-6a}$$

$$f_2 = \frac{1}{2\pi\sqrt{L_2C_2}} \tag{4-6b}$$

式中,f_1 和 f_2 分别是低端和高端传输零点。

4.2.4　在带通滤波器设计中的应用

带通滤波器在现代微波通信中有着重要应用价值,特别是频谱资源的拥挤带来的频带之间的干扰成为影响通信质量的主要因素之一,因此设计具有良好矩形度的带通滤波器成为解决这类问题的方法之一。鉴于本节所设计的新型复合左右手传输线单元具有带通滤波器的特性,笔者分别设计并加工制作了一级、二级和三级单元电路,探讨了这些电路在带通滤波器设计中的应用,对实际电路进行了实验,并与 Ansoft Designer 软件仿真结果和等效电路模型计算结果进行了比较。

图 4 - 20 所示为一级、二级和三级单元电路的实物图。

(a)

(b)

(c)

图 4 - 20　一级、二级和三级单元电路实物图

(a)一级;(b)二级;(c)三级

图 4 - 21～图 4 - 23 所示分别为一级、二级和三级单元电路的 Ansoft De-signer 仿真、等效电路模型计算和实验结果。

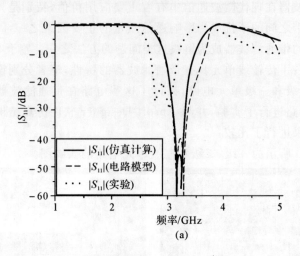

(a)

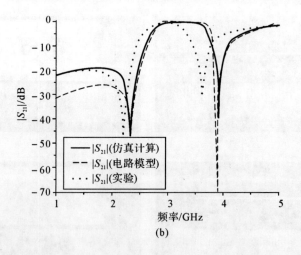

(b)

图 4 - 21   一级单元电路的 $|S_{11}|$ 和 $|S_{21}|$

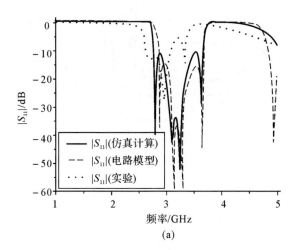

(a)

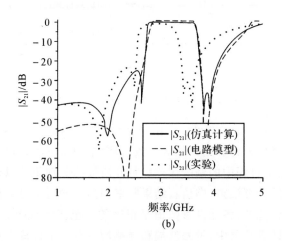

(b)

图 4 - 22　二级单元级联电路的 $|S_{11}|$ 和 $|S_{21}|$

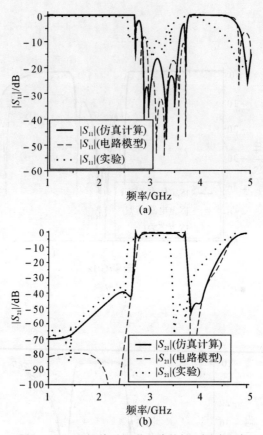

图 4 - 23　三级单元级联电路的 $|S_{11}|$ 和 $|S_{21}|$

　　由图 4 - 21～图 4 - 23 可以看出,实验结果与 Ansoft Designer 软件仿真结果和等效电路模型计算结果趋势一致,但整个频带下移,造成这一现象的主要原因,除了加工过程中的制造误差以及介质板的非理想性以外,也有可能是仿真软件本身的计算误差,即仿真结果频率偏高。同时也可看出,所提取的等效电路模型是合理的,各元件参数值是正确的。至于二级单元和三级单元的等效电路模型计算结果中,带外低端和高端均只有一个传输零点,这主要是因为等效电路模型没有考虑单元之间的耦合所致。比较一级、二级和三级单元电路的实验结果,可以发现,二级单元级联以后,带外抑制尤其是低端得到改善,达到 -23 dB 以下,矩形度变好。三级单元级联以后,带外抑制尤其是低端得到进一步改善,达到 -37 dB 以下,矩形度更好。纵观一级单元、二级单元级联和三级单元级联电路的仿真和实验结果,可以发现带内反射损耗较大,高端抑制不理想,这是下一步工作需要努力改善的地方。

4.3　耦合缺陷地结构中的复合左右手效应及应用

除了利用集总元件或分布参数实现的复合左右手传输线外,在一些光子晶体或耦合缺陷地结构中,也同样存在复合左右手效应,如果合理地选择这些结构的参数,那么其中蕴含的复合左右手效应可在一定程度上进行控制,进而在工程设计中加以运用。本节探讨了一种耦合缺陷地结构中的复合左右手效应,并在正交功分器的设计中加以运用。

4.3.1　耦合缺陷地结构及等效电路模型

这种耦合缺陷地结构是基于微带传输线的,在地板上刻蚀出圆环形缝隙,并将缝隙上方的微带线开缝,同时将缝隙两侧的微带线展宽,如图 4 - 24(a)所示。

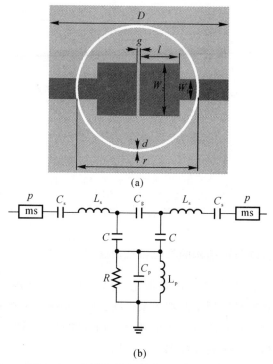

(a)

(b)

图 4 - 24　耦合缺陷地结构及等效电路模型
(a)耦合缺陷地结构;(b)等效电路模型

图 4-24(b)所示为该耦合缺陷地结构的等效电路模型。在电路模型中，L_s 对应于微带线电感，C_s 对应于微带线正下方的缝隙电容，C_g 对应于微带线上的缝隙电容，C 对应于环缝上方的金属片与下方的金属片之间的耦合电容，环缝用一个由 L_p 和 C_p 组成的并联谐振回路来表征，并联的 R 用以表征损耗。两端的微带线用以表征结构的右手效应。

采用的介质基板是 Rogers 5880，相对介电常数 2.2，厚度 0.508 mm，图中标注的各个尺寸的值分别是：$l=3.1$ mm，$w_1=1.6$ mm，$w_2=4$ mm，$g=0.2$ mm，$D=14$ mm，圆环缝隙的内半径是 4.7 mm，缝隙宽度是 0.1 mm。将该耦合结构在 Ansoft Designer 中建模仿真，并提取出 S 参数，然后利用 Serenade 中的优化拟合技术，使电路模型的 S 参数与 Ansoft Designer 中提取的 S 参数进行匹配，从而得到电路模型中各个参数的值：$L_s=1.08$ nH，$C_s=0.77$ pF，$C=8.14$ pF，$C_g=1.18$ pF，$L_p=15.16$ nH，$C_p=0.29$ pF，$R=1.15$ kΩ，$p=6.20$ mm。图 4-25 所示为等效电路模型计算结果和 Ansoft Designer 仿真结果的比较。

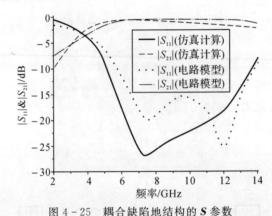

图 4-25　耦合缺陷地结构的 S 参数

4.3.2　耦合缺陷地结构的相位特性曲线

由耦合缺陷地结构的等效电路模型可以看出，该结构蕴含有复合左右手效应，如果把等效电路模型中两端的微带线去除，所剩余部分则可看成是一个复合左右手传输线结构，此时进行仿真，得到的是耦合缺陷地结构去除右手效应后的结果，其相位响应曲线如图 4-26 所示。

从仿真结果可以看出，去除右手效应后，耦合缺陷地结构的相位响应中既有相位超前的部分，也有相位滞后的部分，同时相位响应是非线性的，可见，此时的耦合缺陷地结构可以看成是复合左右手传输线结构。

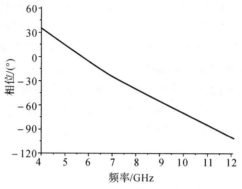

图 4 - 26　耦合缺陷地结构的相位响应曲线

4.3.3　在正交功分器设计中的应用

由第 3 章的论述可知,复合左右手传输线用于差分相移线的设计中,可以展宽差分相移线的工作带宽,本节利用复合左右手传输线的这一特性,设计了一款正交功分器。该正交功分器由两部分组成,一部分是宽带二等分功分器;另一部分是基于耦合缺陷地结构的宽带差分相移线。为了获得宽频带和良好的输出端口之间的隔离,功分器采用二级阻抗变换形式;宽带差分相移线的设计需要调节耦合缺陷地结构的几何参数和另一段微带线的长度,以达到 90°的相位差。正交功分器的实物图如图 4 - 27 所示。

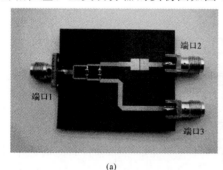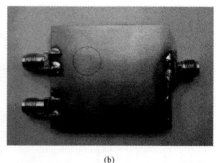

(a)　　　　　　　　　　　　　　　(b)

图 4 - 27　正交功分器实物图

(a)正面;(b)背面

图 4 - 28(a)所示为正交功分器的回波损耗的仿真和实验结果,可以看出从 4～11.1 GHz,实验的回波损耗均优于 10 dB;图 4 - 28(b)所示为正交功分

器传输系数的仿真和实验结果,以及输出端口之间的幅度不平衡度的仿真和实验结果,可以看出仿真结果和实验结果吻合较好,但是由于采用的是低介电常数的介质基板,辐射损耗较大,并且随着频率的升高而加剧。输出端口间的幅度不平衡在 4.95~12 GHz 的范围内小于 1 dB,环形缝隙和微带上的矩形贴片的辐射是造成输出端口间幅度不平衡的主要原因。图 4-28(c)所示为输出端口之间隔离度的仿真和实验结果,根据实验结果,从 4~12 GHz 的范围内,隔离度均优于 -16 dB。图 4-29 所示为输出端口之间的相位差的仿真和实验结果,由实验结果可以看出,在 4~12 GHz 的频率范围内,输出端口之间的相位不平衡小于 90°±7°。

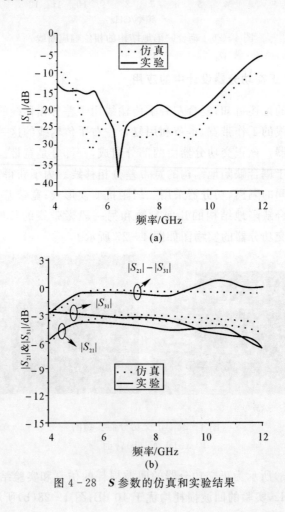

(a)

(b)

图 4-28 **S** 参数的仿真和实验结果

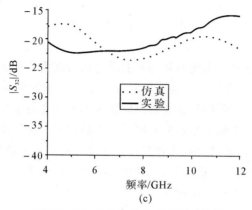

续图 4 - 28　**S** 参数的仿真和实验结果

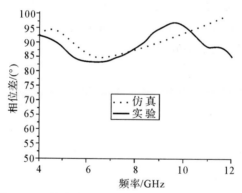

图 4 - 29　输出端口之间相位差的仿真和实验结果

　　综合上述结果,在 4.95~11 GHz 的频率范围内,回波损耗优于 10 dB,输出端口之间的幅度不平衡小于 1 dB,相位不平衡小于 $90°±7°$。因此,相对带宽达到 76%。而基于微带差分相移线的正交功分器,虽然回波损耗和输出端口之间的幅度不平衡会优于本节所设计的正交功分器,但是其输出端口之间的相位不平衡却远不如所设计的正交功分器,假定中心频率为 8 GHz,满足相位不平衡小于 $90°±7°$ 时,基于微带差分相移线的正交功分器的相对带宽仅有 16%(借助仿真软件 Serenade 中的 TRL 工具计算得到)。本节所设计的正交功分器可应用于宽带平衡放大器、平衡混频器以及双馈圆极化天线等场合。

4.4 小　结

　　基于集总参数元件实现的复合左右手传输线因为集总参数元件的自身谐振,不能应用于高频领域。本章主要针对基于分布参数效应的复合左右手传输线结构进行研究。采用分布参数效应实现的复合左右手结构能够很好地解决集总参数元件不能用于高频的问题。首先提出了一种新颖的复合左右手传输线结构,研究了它的结构参数和基板介电常数对其 S 参数的影响,提出了单元结构的等效电路模型,运用 Bloch-Floquet 理论研究了其周期结构的色散特性。探讨了所提结构在带通滤波器设计中的应用,研究了一级、二级和三级单元电路的传输特性,制作了实物,实验结果与 Ansoft Designer 仿真结果以及等效电路模型计算结果进行了比较,验证了等效电路模型的正确性。然后提出了一种环形耦合缺陷地结构,给出了它的等效电路模型,研究了该结构中的复合左右手效应,利用这一效应设计了宽带正交功分器,实验结果表明所设计功分器实现了宽带正交功率分配。

第5章 基于零阶谐振器的全向圆极化天线设计

5.1 全向圆极化天线的研究现状

顺应近代电磁学的发展与无线应用的众多需求,天线技术历经百余年发展仍充满盎然生机。微带天线作为小型化天线,以其低轮廓、可共形、易集成等颇具特色的优点近年来在天线开发应用中独占鳌头。而高性能圆极化微带天线在当前的应用愈加广泛。圆极化天线的实用意义主要体现在:①圆极化天线可接收任意极化的来波,且其辐射波也可由任意极化天线收到,故电子侦察和干扰中普遍采用圆极化天线;②圆极化天线因为具有旋向正交性,广泛应用于通信、雷达的极化分集工作和电子对抗中;③圆极化波入射到对称目标(如平面、球面等)时旋向逆转,因此圆极化天线应用于移动通信、GPS等能抑制雨雾干扰和抗多径反射。

全向圆极化天线因为有更大的覆盖范围,成为圆极化天线研究的重点方向之一。图5-1所示为现有的天线形式按波束覆盖范围和极化特性进行的分类,天线单元的形式有定向线极化单元(Ⅰ类)、全向线极化单元(Ⅱ类)、定向圆极化单元(Ⅲ类);天线阵列的形式有全向线极化阵列(Ⅳ类)、定向线极化阵列(Ⅴ类)、定向圆极化阵列(Ⅵ类)、全向圆极化阵列(Ⅶ类)。某一种形式的阵列可以由相应的多个单元来组阵实现。定向单元(Ⅰ,Ⅲ)要实现全向(一般指方位面全向)辐射,最常用的组阵方式是圆周阵列[152-154]。全向单元(Ⅱ)一般是在垂直面上组阵,以便在方位面上获得更高的增益。

由图5-1中可以看出,现有的天线单元形式中,没有全向圆极化单元,要实现全向圆极化辐射,必须利用单元进行组阵。实现全向圆极化阵列主要有以下4种途径:

途径一 先实现全向性,再实现圆极化(Ⅰ $\xrightarrow{1}$ Ⅳ $\xrightarrow{5}$ Ⅶ);

途径二 利用单元的全向性,再实现圆极化(Ⅱ $\xrightarrow{8}$ Ⅶ);

途径三 先实现圆极化,再实现全向性(Ⅰ $\xrightarrow{3}$ Ⅵ $\xrightarrow{6}$ Ⅶ);

途径四 利用单元的圆极化,再实现全向性(Ⅲ $\xrightarrow{9}$ Ⅶ)。

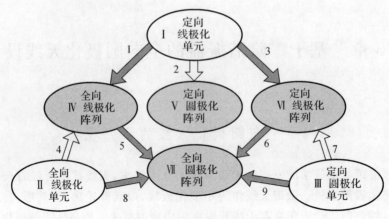

图 5-1 天线的形式及其关系

全向天线一般都是线极化天线,圆极化天线一般都是定向天线,通过查找文献,发现全向圆极化天线的形式屈指可数[155-161]。本章基于复合左右手传输线零阶谐振器设计了全向圆极化天线,这种设计方案以前未见报道,该方案可以认为是由途径二($Ⅱ \xrightarrow{8} Ⅶ$)实现,即利用单元的全向性,再实现圆极化。

5.2　零阶谐振器及其在天线中的应用

复合左右手传输线具有很多新奇的特性,其中一个显著特性是可以在非零且有限的频率实现波长无穷大。采用与普通微带线的谐振模式相同的分析方法,发现复合左右手传输线构造的谐振器的谐振模式可以为正,可以为零,也可以为负,谐振模式为零的模式称为零阶谐振器。在本节中,将从等效电路模型和 Bloch-Floquet 理论两方面分析零阶谐振器的特性。为便于更好地理解零阶谐振器的工作机理,先从传统的微带谐振腔开始阐述。

5.2.1　普通微带线谐振腔的传输特性

在普通微带线中,波的谐振条件为

$$\sin kl = \sin\left(\frac{2\pi}{\lambda_g}\right) = 0 \Rightarrow l = m\lambda_g/2 \quad (m = 1,2,\cdots) \tag{5-1}$$

式中,k 为波数,l 为谐振腔的长度,m 为谐振模式。即当腔的长度等于半波长的整数倍时,会发生谐振。在没有考虑损耗的情况下,波数 k 等于相位常数 β。微带谐振腔的各谐振模式之间的间距,依赖于微带线的相位关系 $\varphi(f)$,称为色散关系。而传输线的相位可以表示为 $\varphi(f)=-\beta(f)d$。

由式(5-1)知,在相位等于 π 的整数倍时,即

$$\beta_m d = m\pi(m=1,2,\cdots) \tag{5-2}$$

微带线会发生谐振。当谐振模式 $m=1$ 时,此时的谐振频率称为基频。由式(5-1)可知,此时谐振腔的长度等于 1/2 波导波长,相位 $\varphi(f)=\pi$,$\beta(f)=-\pi/d$。与谐振模式 m 对应的谐振频率定义为 f_m。更高阶的谐振模式发生在相位等于 π 的整数倍时,也就是 $\beta(f)=\pi/d,2\pi/d,\cdots,m\pi/d$。根据微带线的色散关系可以分析微带谐振器的属性,由第 2 章的理论分析可知,传统微带线的色散关系是线性的,所以谐振频率 f_m 等于基频的整数倍。因此,各谐振频率之间的间距是相等的。可以通过 Ansoft Designer 仿真软件来验证上述结论,采用 Rogers RT/Duroid 5880,厚度为 1 mm,相对介电常数为 2.2,微带线宽度为 3.1 mm,长度为 100 mm,两端的缝隙是 0.2 mm。图 5-2 所示为微带谐振腔的示意图,图 5-3 所示为微带谐振腔传输系数的仿真结果。从仿真结果可以发现,微带谐振腔的基频是 1.07 GHz,在基频整数倍的这些频率点,出现共振透射峰,这与预测结果是相符的。

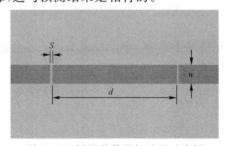

图 5-2　刻缝微带谐振腔的示意图

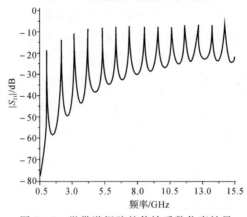

图 5-3　微带谐振腔的传输系数仿真结果

5.2.2 复合左右手传输线谐振腔的传输特性

本节将讨论复合左右手传输线谐振腔的传输特性。

由式(5-2)知,传统微带谐振器的谐振发生在 $\beta_m d = m\pi (m = 1, 2, \cdots)$,其中 β_m 为谐振模式 m 对应的相位常数。可见在传统微带谐振器中,只有正的谐振模式。在 2.4 节,已经对复合左右手传输线的色散关系进行了研究,不管是在平衡条件下,还是在非平衡条件下,复合左右手传输线的色散关系均为非线性,并且复合左右手传输线的相位常数可以为正,可以为零,也可以为负,因此由复合左右手传输线实现的谐振器的谐振模式可以为正($m = 1, 2, \cdots$),可以为零($m = 0$),也可以为负($m = -1, -2, \cdots$),相邻两谐振频率之间的频率间隔不相等。$m = 0$ 时,被称为零阶谐振。对于由 N 个相同的单元构成的复合左右手传输线谐振腔,其上的谐振模式可由下式确定[162]:

$$\beta_m d = \frac{m\pi}{N}(m = 0, \pm 1, \pm 2, \cdots) \tag{5-3}$$

式中,d 为每个单元的长度。每个模式对应的波导波长为

$$\lambda_g = \frac{2\pi}{|\beta_m|} \tag{5-4}$$

仍以图 2-7 所示的基于 L-C 单元的复合左右手传输线为研究对象,只是在输入输出端加载了两个耦合电容,如图 5-4 所示。为一般性起见,这里研究非平衡的情况,分别以一、二、三、四单元为例,各元件的值分别为:$L_L = 1\ \text{nH}, C_L = 2\ \text{pF}, L_R = 1\ \text{nH}, C_R = 1\ \text{pF}, C_c = 0.01\ \text{pF}$。图 5-5 所示为一、二、三和四单元谐振腔的传输系数的仿真结果。

从仿真结果可以发现,复合左右手传输线谐振腔的零阶谐振均发生在 5 GHz。零阶谐振器的谐振频率只和单元结构的参数有关,取决于并联谐振,周期结构的零阶谐振器工作在零阶谐振模式时,其谐振频率也只取决于单元的零阶谐振频率,而和结构的整个尺寸没有关系。各个谐振频率成非线性分布,这与预测的结果是相符的。

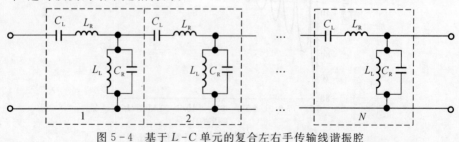

图 5-4　基于 L-C 单元的复合左右手传输线谐振腔

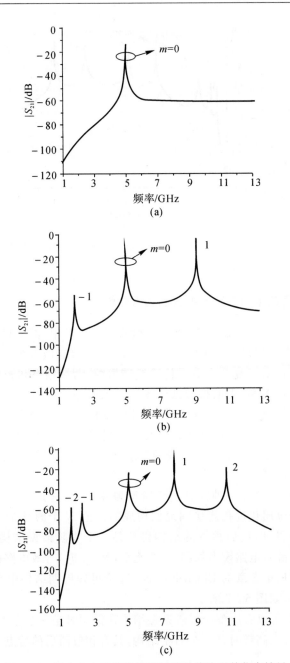

图 5-5　复合左右手传输线谐振腔的传输系数仿真结果
(a)一单元;(b)二单元;(c)三单元

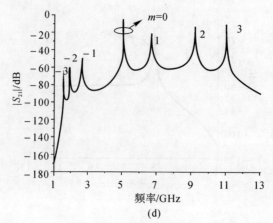

续图 5-5　复合左右手传输线谐振腔的传输系数仿真结果

(d)四单元

5.2.3　蘑菇结构零阶谐振器的辐射特性

由上面两小节的分析可知,在普通微带线谐振腔中,谐振频率决定腔的物理长度,使得器件的尺寸大小受到了限制。比如,普通微带线谐振腔其长度至少为 $l=\lambda_g/2$,但对于复合左右手传输线谐振腔,谐振频率和腔的物理长度之间没有绝对依赖关系,当谐振腔处于零阶谐振时,$\beta_0=0$,波长 $\lambda_g=\infty$,即波长为无穷大,此时谐振腔内各处的场强时时刻刻相等,都以相同的频率变化,没有波峰、波谷和波节。随着研究的深入,零阶谐振器在天线中的应用也已经有不少报道。基于复合左右手传输线的零阶谐振天线具有剖面低,尺寸小,可以实现全向辐射的特点[114,163-165]。

蘑菇结构[113,166]是一种常见的零阶谐振器形式,它是由一个矩形的金属贴片通过一个金属化过孔连接到地面构成的。把 N 个蘑菇结构零阶谐振器按周期 p 进行排列,最后得到的结构仍然是一个零阶谐振结构。此时,单元零阶谐振器的等效电路模型如图 5-6 所示,$N=1$ 时,等效电路模型中不再有串联电容。根据第 2 章的 Bloch-Floquet 理论可知周期结构中单元零阶谐振器的色散关系,如图 5-7 所示。

由图 5-7 可以看出整个零阶谐振结构在低频时是一个左手结构,具有相位超前的特点;在高频时是一个右手结构,具有相位滞后的特点。此时的谐振条件为

$$\beta_m p=\frac{m\pi}{N}(m=0,\pm 1,\pm 2,\cdots)\qquad(5-5)$$

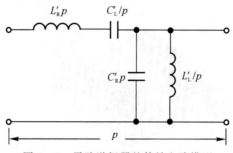

图 5-6 零阶谐振器的等效电路模型

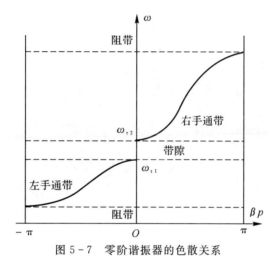

图 5-7 零阶谐振器的色散关系

式中,m 是谐振模数,可以取零、正整数或负整数。在开路边界条件下,零阶谐振频率由并联谐振确定[165],即

$$f_0 = \frac{1}{2\pi\sqrt{(L'_{\mathrm{L}}/p)(C'_{\mathrm{R}}p)}} = \frac{1}{2\pi\sqrt{L'_{\mathrm{L}}C'_{\mathrm{R}}}} \qquad (5-6)$$

当零阶谐振器工作在零阶谐振模式时,其上电场沿周期排列方向近似均匀分布,如图 5-8 所示,可以等效为一电偶极子天线,具有类似偶极子天线的辐射方向图,如图 5-9 所示。

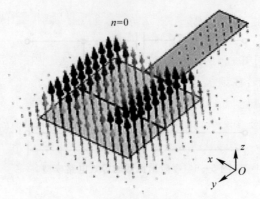

图 5-8 零阶谐振天线的电场分布

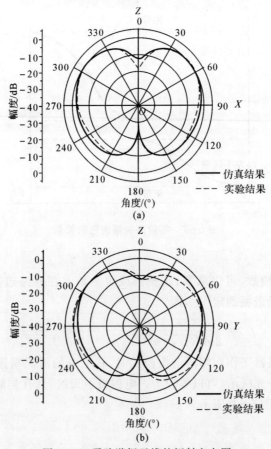

图 5-9 零阶谐振天线的辐射方向图

5.3　基于零阶谐振器的全向圆极化天线设计

由 5.2.3 节可知,蘑菇结构的零阶谐振器在零阶谐振模式下可以等效为一电偶极子天线,若在地板上加载四个支节,则可以获得环向电流,这个环向电流可以等效为磁偶极子天线,等效的电、磁偶极子天线具有相同的相位中心,通过调节加载支节的尺寸,可以使等效的电、磁偶极子天线具有相同的幅度,相位上相差 90°,这样就可以在方位面上实现全向圆极化。本节将把这种设计方法应用于单元和阵列两种形式的零阶谐振器,进而实现全向圆极化天线。

5.3.1　单元形式

本节研究单元零阶谐振器天线,天线结构是正方形蘑菇结构。沿地的周边加载四个完全相同的支节,可以得到环向电流。图 5 - 10 所示为所设计天线的结构图,图中的深色区域为顶层贴片,浅色区域为地板。

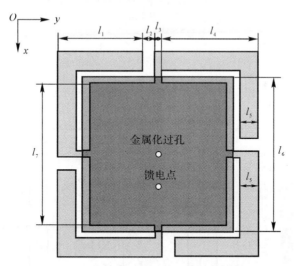

图 5 - 10　单元零阶谐振天线的结构图

图 5 - 11 和图 5 - 12 所示分别为单元零阶谐振天线顶层贴片的电场分布示意图和地板上的电流分布示意图。由图 5 - 12 可以看出,在零阶谐振模式下,单元零阶谐振天线上的电流分布由中心指向边沿,呈放射状分布,由天线中心出发的径向电流的辐射可以看作是电偶极子天线的辐射,而环向电流的

辐射可以看作是磁偶极子天线的辐射。电偶极子天线和磁偶极子天线具有相同的相位中心,即天线的结构中心,但是具有不同的初始相位。影响磁偶极子天线辐射功率的是环向电流的幅度,而环向电流的幅度取决于尺寸 l_3。电偶极子天线和磁偶极子天线的初始相位差是由加载支节的长度决定的。影响天线轴比的两个因素均和加载支节的尺寸有关,可见,天线圆极化性能会随着加载支节的尺寸的变化而变化,同时,由于加载支节的存在,天线的零阶谐振频率将低于未加载时的情况。图 5-10 所示的天线结构工作于右旋圆极化模式,如果支节沿着逆时针方向加载,天线则工作于左旋圆极化模式。

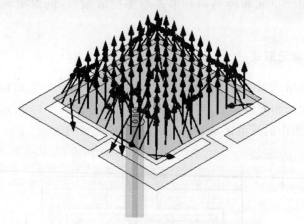

图 5-11 天线顶层贴片的电场分布示意图

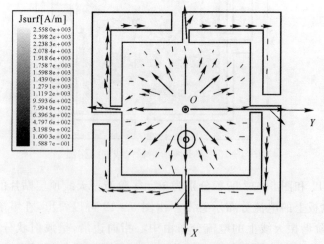

图 5-12 单元零阶谐振天线地板上的电流分布示意图

在整个设计过程中,采用了相对介电常数 2.65,厚度 2 mm 的聚四氟乙烯介质板。为了获得较好的圆极化性能,在 Ansoft HFSS 中对加载支节的尺寸进行了优化,最终的各个尺寸分别为:$l_1 = 13.5$ mm,$l_2 = 2$ mm,$l_3 = 1$ mm,$l_4 = 15.5$ mm,$l_5 = 3$ mm,$l_6 = 24$ mm,$l_7 = 22$ mm,中心金属化过孔的直径为 1 mm,馈电点位于点(5 mm,0 mm,0 mm)。为了和 50 Ω 馈线相匹配,需添加相应的匹配措施。这里采用一个容性耦合片来进行阻抗匹配,经过 Ansoft HFSS 仿真软件的优化设计,容性耦合片的直径为 6 mm。图 5 - 13 和图 5 - 14所示分别为单元零阶谐振天线装配前后的实物图。

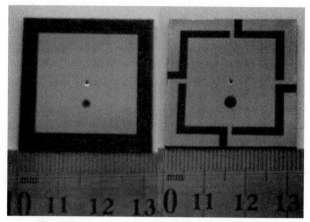

图 5 - 13　单元零阶谐振天线实物图

图 5 - 14　单元零阶谐振天线的装配图

图 5-15 所示为回波损耗的仿真和实验结果。天线的谐振频率是 1.55 GHz（仿真在 1.58 GHz），测试的 10 dB 回波损耗相对带宽达到 1.3%。

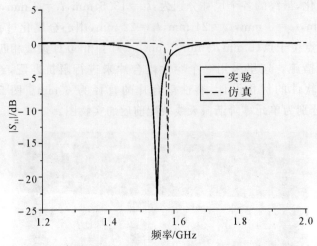

图 5-15 单元零阶谐振天线回波损耗的仿真和实验结果

图 5-16 所示为 $x-y$, $x-z$ 和 $y-z$ 面内归一化方向图的仿真和实验结果。

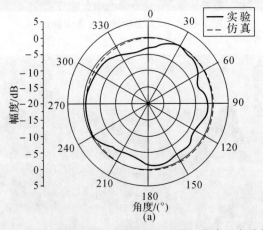

图 5-16 单元零阶谐振天线辐射方向图的仿真和实验结果

(a) $x-y$ 面内 θ 分量

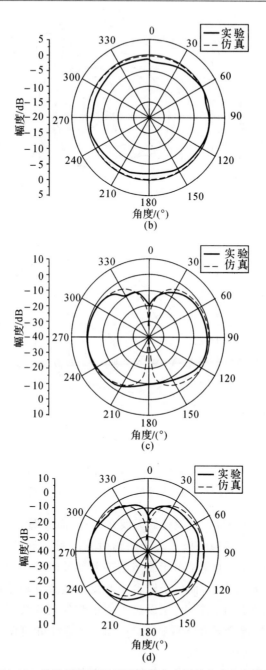

续图 5-16　单元零阶谐振天线辐射方向图的仿真和实验结果

(b)$x-y$ 面内 φ 分量；(c)$x-z$ 面内 θ 分量；(d)$x-z$ 面内 φ 分量

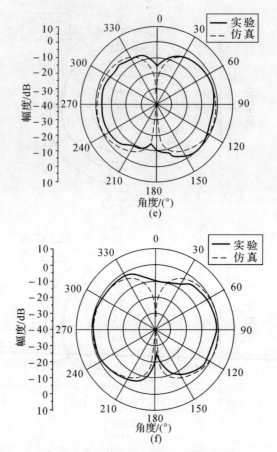

续图 5-16　单元零阶谐振天线辐射方向图的仿真和实验结果

(e)$y-z$ 面内 θ 分量;(f)$y-z$ 面内 φ 分量

　　由图 5-16 可以看出,所设计的天线在 $x-y$ 面实现了全向辐射,同时,在 $x-z$ 和 $y-z$ 面具有类似偶极子天线的辐射方向图。至于 $x-y$ 面方向图的不圆度不很理想,应该主要是由于制造公差和实验环境引起的。实验用的转台立柱并不位于转台中心,而位于转台中心的天线离立柱顶部的距离是有限的;另外,由于天线尺寸比较小,架设过程中很难保证天线平面完全处于水平位置,这些实际情况会导致天线在 $x-y$ 面内的各个角度时所处的环境不尽相同,进而影响天线的全向性。

　　图 5-17 所示为 $x-y$ 面内天线轴比的仿真结果,可以看出所设计的天线具有良好的全向圆极化性能。

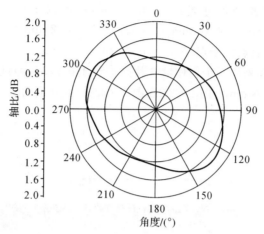

图 5-17　x-y 面内单元零阶谐振天线轴比的仿真结果

综上可以看出,所设计的基于单元零阶谐振器的全向圆极化天线,其最大尺寸约为 $\lambda/6 \times \lambda/6 \times \lambda/96$,具有类似偶极子天线的辐射方向图,能够覆盖大的服务区域,同时具有良好的圆极化性能。

5.3.2　阵列形式

上一节研究了基于单元零阶谐振器的全向圆极化天线,本节将在此基础上,研究基于 2×2 阵列零阶谐振器的全向圆极化天线,其圆极化的实现方法、过程和单元形式的相似。图 5-18 所示为所设计阵列天线的结构图,图中的深色区域为顶层贴片,浅色区域为地板。图 5-19 和图 5-20 所示分别为阵列零阶谐振天线顶层贴片的电场分布示意图和地板上的电流分布示意图。由图 5-20 可以看出,在零阶谐振模式下,阵列零阶谐振天线上的电流分布总地来看由中心指向边沿,呈放射状分布,由天线中心出发的径向电流的辐射可以看作是电偶极子天线的辐射,而环向电流的辐射可以看作是磁偶极子天线的辐射。影响磁偶极子天线辐射功率的是环向电流的幅度,而环向电流的幅度取决于尺寸 l_3。电偶极子天线和磁偶极子天线的初始相位差是由加载支节的长度决定的。影响天线轴比的两个因素均和加载支节的尺寸有关,同时,由于加载支节的存在,天线的零阶谐振频率将低于未加载时的情况。图 5-18 所示的天线结构工作于右旋圆极化模式,如果支节沿着相反的方向加载,天线则工作于左旋圆极化模式。

为了获得较好的圆极化性能,在 Ansoft HFSS 中对加载支节的尺寸进行了优化,最终的各个尺寸是:$l_1 = 4.5$ mm,$l_2 = 22$ mm,$l_3 = 3$ mm,$l_4 = 26.5$ mm,$l_5 = 3$ mm,$l_6 = 48$ mm,$l_7 = 46$ mm,$l_8 = 0.2$ mm,中心金属化过孔的直径为1 mm,馈电点位于点(7.78 mm,7.78 mm,0 mm)。为了和 50 Ω 馈线相匹配,这里同样采用一个容性耦合片来进行阻抗匹配,经过优化设计,容性耦合片的直径为 6 mm。图 5-21 和图 5-22 所示分别为天线装配前后的实物图。

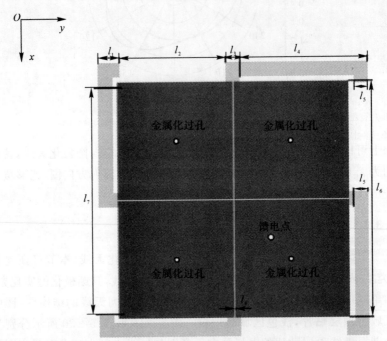

图 5-18 阵列零阶谐振天线的结构图

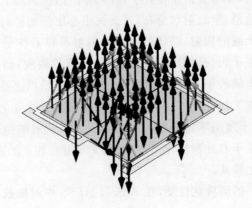

图 5-19　阵列零阶谐振天线顶层贴片的电场分布示意图

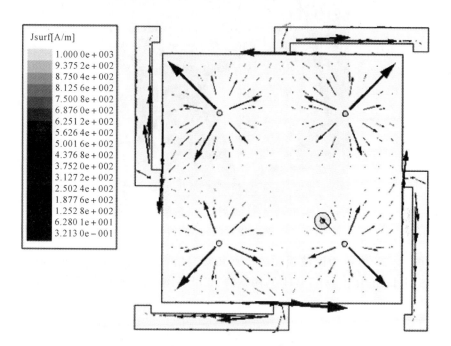

图 5-20　阵列零阶谐振天线地板上的电流分布示意图

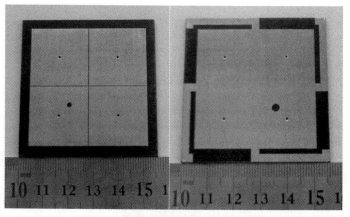

图 5-21　阵列零阶谐振天线实物图

图 5-22　阵列零阶谐振天线的装配图

图 5-23 所示为回波损耗的仿真和实验结果。天线的零阶谐振频率是 1.656 GHz(仿真在 1.67 GHz),测试的 10 dB 回波损耗相对带宽达到 1.2%。

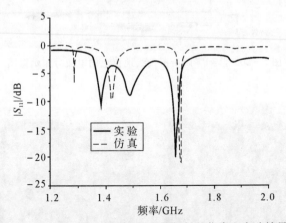

图 5-23　阵列零阶谐振天线回波损耗的仿真和实验结果

图 5-24 所示为 x-y,x-z 和 y-z 面内归一化方向图的仿真和实验结果,可以看出所设计的天线在 x-y 面实现了全向辐射,同时,在 x-z 和 y-z 面具有类似偶极子天线的辐射方向图。至于 x-y 面方向图的不圆度不很理想,其主要原因和单元零阶谐振天线的情况类似。

5-23

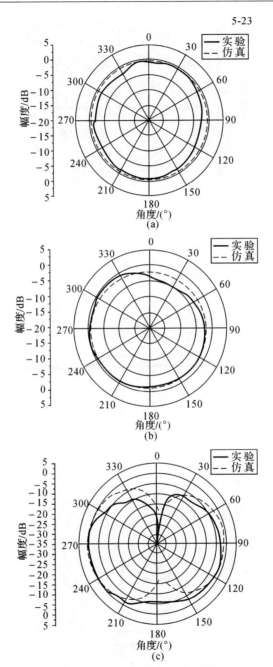

图 5-24　阵列零阶谐振天线辐射方向图的仿真和实验结果

(a) $x-y$ 面内 θ 分量；(b) $x-y$ 面内 φ 分量；(c) $x-z$ 面内 θ 分量

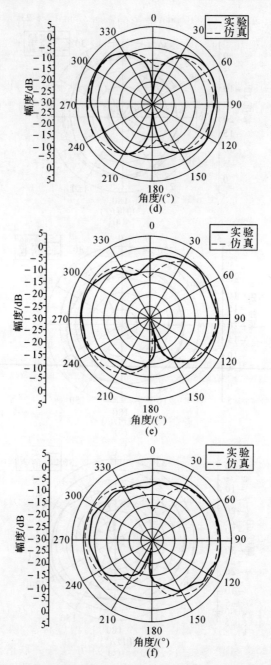

续图 5-24　阵列零阶谐振天线辐射方向图的仿真和实验结果

(d)x-z 面内 φ 分量；(e)y-z 面内 θ 分量；(f)y-z 面内 φ 分量

图 5-25 所示为 x-y 面内天线轴比的仿真结果,可以看出所设计的天线具有良好的全向圆极化性能,但比单元零阶谐振天线的全向圆极化性能稍差,这主要是因为阵列零阶谐振天线的馈电点仅位于其中一个零阶谐振器上,而其余零阶谐振器的能量均通过耦合得到,也就是说,阵列零阶谐振器中的四个单元零阶谐振器的地位并不完全等同,进而造成在某个方向上的圆极化性能稍差。

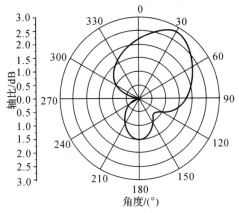

图 5-25　x-y 面内阵列零阶谐振天线轴比的仿真结果

由上述仿真和实验结果可以看出,阵列零阶谐振天线工作在零阶谐振模式时,其谐振频率只取决于单元的零阶谐振频率,而和结构的整个尺寸没有关系,这和 5.2.2 节中的结论是一致的(单元天线和阵列天线的零阶谐振频率之间的差异主要是由于加载的支节对二者的影响不尽相同造成的)。所设计的基于阵列零阶谐振器的全向圆极化天线,其最大尺寸约为 $0.3\lambda \times 0.3\lambda \times 0.011\lambda$,同样具有类似偶极子天线的辐射方向图,能够覆盖大的服务区域,同时具有良好的圆极化性能。

5.4　小　　结

本章在分析传统微带线谐振腔的基础上,研究了复合左右手传输线谐振腔的传输特性,重点讨论了工作在零阶模式时的谐振特性,研究结果表明,零阶谐振器的谐振频率只和单元结构的参数有关,取决于并联谐振,周期结构的零阶谐振器工作在零阶谐振模式时,其谐振频率也只取决于单元的零阶谐振频率,而和结构的整个尺寸没有关系。接着分析了蘑菇结构零阶谐振器的辐射特性,工作在零阶谐振模式时,其上电场分布沿周期排列方向均匀分布,可以等效为一电偶极子天线,具有类似偶极子天线的辐射方向图。在此基础上,提出了全向圆极化天线的设计方法,通过在零阶谐振器的四周加载支节,获得环向电流,其作用等效为一个磁偶极子天线。等效的电、磁偶极子天线具有相同的相位中心,但初始相位不同,可以通过调节加载支节的尺寸来改变电、磁偶极子天线的幅度比和初始相位差,从而在方位面内实现全向圆极化。基于单元零阶谐振器和 2×2 阵列零阶谐振器分别设计并实现了新的全向圆极化天线,仿真和实验结果验证了设计方法的正确性。这类天线在近距离无线通信等场合有着良好的应用前景。

第6章 结 束 语

复合左右手传输线概念的提出,不仅丰富了传统的传输线理论,更重要的是开启了人类自由控制传输线之色散特性的大门,深深地改变了人们对传统微波器件的设计理念。因此,对复合左右手传输线展开系统的理论和应用研究具有重要意义。

本书以复合左右手传输线的传输特性和应用为研究对象,对基于不同实现方式的复合左右手传输线进行了深入的研究,主要工作和成果概述如下。

(1)研究了复合左右手传输线的宽频带特性,对其在 22.5°,45°,90°和 180°开关线移相器中的应用进行了研究,设计了一个开关线 4 位数字移相器,并制作了实物,在 1.35~1.85 GHz 范围内,实测的最大相移误差是在 337.5°状态时的误差(360°状态实际上是 0°状态),在 1.85 GHz 达到 20°,其余各个状态的最大相移误差均小于此值;而传统的开关线 4 位数字移相器在 337.5°状态时的最大相移误差达到 53°(借助仿真软件 Serenade 中的 TRL 工具计算得到),这验证了复合左右手传输线的宽频带特性,表明其在宽带开关线移相器设计方面有巨大优势;对实际复合左右手传输线中的左手部分的右手效应进行了研究,提出了相位比较法来测量这一效应,制作了测量电路,并将其应用到开关线移相器的设计中。

(2)研究了复合左右手传输线的零相移特性,给出了零相移复合左右手传输线的设计公式,并将其用于三等分功分器的设计中,把传统三等分功分器的隔离网络用零相移复合左右手传输线代替,由于零相移复合左右手传输线不受实际长度的限制,从而使功分器的面积得以减小。新型功分器的直径为 8.2 cm,传统功分器的直径为 14.9 cm,可以算出新型功分器的面积减小了 70%。把复合左右手传输线的零相移和宽频带特性结合起来,重新设计了三等分功分器,使得新型功分器的尺寸进一步减小,直径为 5.6 cm,可以算出新型功分器的面积比传统的减小了 86%,而且实测的工作带宽增加了 18.4%。

(3)无耗互易三端口网络具有如下性质:无耗互易三端口网络不可能完全匹配,即是说,三个端口不可能同时都匹配;无耗互易三端口网络的任意两个端口可以实现匹配。在研究复合左右手传输线的双频段特性的基础上,结合无耗互易三端口网络的性质,提出了一种新的双工器设计方法,理论上讲,可以设计出工作于任意两个频点的双工器。利用该方法设计了一个新的双工器,并制作了实物,实验结果验证了新方法的正确性。新方法设计过程简单,避免了传统双工器设计中烦琐的滤波器和匹配电路设计。

(4)提出了一种新颖的复合左右手传输线结构,研究了它的结构参数和基板介电常数对其 S 参数的影响,提出了单元结构的等效电路模型,运用 Bloch-Floquet 理论研究了其周期结构的色散特性。探讨了新结构在带通滤波器设计中的应用,制作了一级、二级和三级单元电路,实验结果与 Ansoft Designer 仿真结果以及等效电路模型计算结果进行了比较,验证了等效电路模型的正确性。

(5)提出了一种环形耦合缺陷地结构,给出了它的等效电路模型,研究了该结构中的复合左右手效应,利用这一效应设计了正交功分器,制作了实物,实验结果表明,在 4.95~11 GHz 频率范围内,回波损耗优于 10 dB,输出端口之间的幅度不平衡小于 1 dB,相位不平衡小于 $90°±7°$,相对带宽达到了76%;而基于微带差分相移线的正交功分器,虽然回波损耗和输出端口之间的幅度不平衡度会优于本书所设计的正交功分器,但是其输出端口之间的相位不平衡却远不如所设计的正交功分器,假定中心频率为 8 GHz,满足相位不平衡小于 $90°±7°$时,其相对带宽仅有 16%(借助仿真软件 Serenade 中的 TRL 工具计算得到)。

(6)提出了一种新的全向圆极化天线设计方法,该方法是在全向线极化基础上,引入另一正交极化分量,通过调节两种正交极化分量的幅度比和相位差,使得二者幅度相等、相位正交,从而实现全向圆极化。利用该方法,基于蘑菇结构的单元零阶谐振器和 $2×2$ 阵列零阶谐振器分别设计并实现了新的全向圆极化天线,所设计的全向圆极化天线结构紧凑,均具有类似偶极子天线的辐射方向图。仿真和实验结果验证了设计方法的正确性。这类天线在近距离无线通信等场合有着良好的应用前景。

本书以复合左右手传输线的传输特性和应用为研究对象,取得了一定的成果,但还有不少问题有待进一步探讨和研究。

(1)基于复合左右手传输线的开关线 4 位数字移相器,和传统的开关线 4 位数字移相器相比,虽然相移特性有了明显改善,但一小部分移相状态的反射较大,整个电路的尺寸还不紧凑,如何改善这两方面,开发出实用型的产品还有待研究。

(2)由于集总参数元件复合左右手传输线不能用于高频领域,而基于分布参数效应的复合左右手传输线结构不受此限制,所以基于分布参数效应的复合左右手传输线结构的设计、工作机理和应用值得进一步研究。

(3)基于零阶谐振器的全向圆极化天线具有优越的全向圆极化性能,下一步的研究方向是如何展宽其匹配带宽以及进行纵向组阵以提高天线增益。

参考文献

[1] VESELAGO V G. The Electrodynamics of Substances with Simultaneously Negative Values of ε and μ[J]. Soviet Physics Uspekhi, 1968, 10 (4):509 – 514.

[2] SHELBY R A. Microwave Experiments with Left-Handed Materials [D]. San Diego: University of California, 2001.

[3] 王一平. 工程电动力学[M]. 西安:西安电子科技大学出版社, 2007.

[4] BERMAN P R. Goos-Hänchen Shift in Negatively Refractive Media[J]. Physical Review E, 2002, 66:067603.

[5] PENDRY J B, HOLDEN A J, STEWART W J, et al. Extremely Low Frequency Plasmons in Metallic Mesostructures[J]. Physical Review Letters, 1996, 76(25):4773 – 4776.

[6] PENDRY J B, HOLDEN A J, ROBBINS D J, et al. Magnetism from Conductors and Enhanced Nonlinear Phenomena[J]. IEEE Transactions on Microwave Theory and Techniques, 1999, 47(11):2075 – 2084.

[7] SMITH D R, PADILLA W J, VIER D C, et al. Composite Medium with Simultaneously Negative Permeability and Permittivity[J]. Physical Review Letters, 2000, 84(18):4184 – 4187.

[8] SHELBY R A, SMITH D R, SCHULTZ S. Experimental Verification of a Negative Index of Refraction[J]. Science, 2001, 292(6):77 – 79.

[9] 杰克逊. 经典电动力学[M]. 朱培豫,译. 北京:人民教育出版社, 1982.

[10] 龚中麟,徐承和. 近代电磁理论[M]. 北京:北京大学出版社, 1990.

[11] QUAN B G, LI C, SUI Q, et al. Effects of Substrates with Different Dielectric Parameters on Left-handed Frequency of Left-Handed Materials[J]. Chinese Physics Letters, 2005, 22(5):1243 – 1245.

[12] RAMAKRISHNA S A. Physics of Negative Refractive Index Materials [J]. Rep Prog Phys, 2005, 68:449 – 521.

[13] XIANG Y J, DAI X Y, WEN S C. Total Reflection of Electromagnetic Waves Propagating from an Isotropic Medium to an Indefinite Metama-

terial[J]. Optics Communications, 2007, 274:248 – 253.

[14] SHEN N, WANG Q, CHEN J. Total Transmission of Electromagnetic Waves at Interfaces Associated with an Indefinite Medium[J]. J Opt Soc Am B, 2006, 23(5):904 – 912.

[15] ZIOLKOWSKIAND R W, HEYMAN E. Wave Propagation in Media Having Negative Permittivity and Permeability[J]. Physical Review E, 2001, 64: 056625.

[16] HU Y H, WEN S C, ZHUO H, et al. Focusing Properties of Gaussian Beams by a Slab of Kerr-Type Left-Handed Metamaterial[J]. Optics Express, 2008, 16(7):4774 – 4784.

[17] BACCARELLI P. Fundamental Modal Properties of Surface Waves on Metamaterial Grounded Slabs[J]. IEEE Transactions on Microwave Theory and Techniques, 2005, 53(4): 1431 – 1442.

[18] CORY H, BARGER A. Surface-Wave Propagation along a Metamaterial Slab[J]. Microwave and Optical Technology Letters, 2003, 38: 392 – 395.

[19] MOSS C D, GRZEGORCZYK T M, ZHANG Y. Numerical Studies of Left Handed Materials[J]. Progress In Electromagnetics Research, 2002, 35:315 – 334.

[20] MARKOŠ P, SOUKOULIS C M. Numerical Studies of Left-Handed Materials and Arrays of Split Ring Resonators[J]. Physical Review E, 2002, 65: 036622.

[21] 董正高. 金属基元的电磁材料中负折射现象的数值研究[D]. 南京: 南京大学, 2006.

[22] FENG Y J, TENG X H, CHEN Y, et al. Electromagnetic Wave Propagation in Anisotropic Metamaterials Created by a Set of Periodic Inductor-Capacitor Networks [J]. Physical Review B, 2005, 72: 245107.

[23] AGRANOVICH V M, SHEN Y R, BAUGHMAN R H, et al. Linear and Nonlinear Wave Propagation in Negative Refraction Metamaterials [J]. Physical Review B, 2004, 69: 165112.

[24] ZHAROV A A, SHADRIVOV I V, KIVSHAR Y S. Nonlinear Properties of Left-Handed Metamaterials [J]. Physical Review Letters,

2003，91(3):037401.

[25] SHADRIVOV I V，SUKHORUKOV A A，KIVSHAR Y S，et al. Nonlinear Surface Waves in Left-Handed Materials[J]. Physical Review E，2004，69：016617.

[26] KOZYREV A B，WEIDE D W V D. Nonlinear Wave Propagation Phenomena in Left-Handed Transmission-Line Media[J]. IEEE Transactions on Microwave Theory and Techniques，2005，53(1):238 – 245.

[27] WEN S C，XIANG Y J，DAI X Y，et al. Theoretical Models for Ultrashort Electromagnetic Pulse Propagation in Nonlinear Metamaterials [J]. Physical Review A，2007，75：033815.

[28] ALÙ A，ENGHETA N. Guided Modes in a Waveguide Filled with a Pair of Single-Negative (SNG)，Double-Negative (DNG)，and/or Double-Positive (DPS) Layers[J]. IEEE Transactions on Microwave Theory and Techniques，2004，52(1):199 – 210.

[29] 吴群，孟繁义，傅佳辉，等. 基于双负介质与负介电常数介质交叠结构的谐振腔研究[J]. 物理学报，2008，57(4):2179 – 2185.

[30] WANG Q，TANG K，YOU K，et al. Characteristics of the Guided Modes in a Channel Waveguide with Negative Refractive Index Medium [C]. Beijing：SPIE，2004.

[31] CUI T J，HAO Z C，YIN X X，et al. Study of Lossy Effects on the Propagation of Propagating and Evanescent Waves in Left-Handed Materials[J]. Physics Letters A，2004，323:484 – 494.

[32] CUI T J，LIN X Q，CHENG Q，et al. Experiments on Evanescent-Wave Amplification and Transmission Using Metamaterial Structures [J]. Physical Review B，2006，73：245119.

[33] SIMOVSKI C R，SAUVIAC B. Role of Wave Interaction of Wires and Split-Ring Resonators for the Losses in a Left-Handed Composite[J]. Physical Review E，2004，70：046607.

[34] GOLLUB J N，SNLITH D R，VIER D C，et al. Experimental Characterization of Magnetic Surface Plasmons on Metamaterials with Negative Permeability[J]. Physical Review B，2005，71：195402.

[35] CHUI S T，HU L B. Theoretical Investigation on the Possibility of Preparing Left-Handed Materials in Metallic Magnetic Granular Com-

posites[J]. Physical Review B，2002，65：144407.

[36] 赵乾，赵晓鹏，康雷,等. 一维负磁导率材料中的缺陷效应[J]. 物理学报，2004，53(7)：2206－2211.

[37] ZHAO Y，BELOV P，HAO Y. Accurate Modeling of the Optical Properties of Left-Handed Media Using a Finite-Difference Time-Domain Method[J]. Physical Review E, 2007，75：037602.

[38] WEILAND T，SCHUHMANN R，GREEGOR R B，et al. Ab Initio Numerical Simulation of Left-Handed Metamaterials：Comparison of Calculations and Experiments[J]. Journal of Applied Physics，2001，90(10)：5419－5424.

[39] CALOZ C，CHANG C C，ITOH T. Full-Wave Verification of the Fundamental Properties of Left-Handed Materials in Waveguide Configurations[J]. Journal of Applied Physics，2001，90(11)：5483－5486.

[40] HUANG M，XU S J. Scattering and Radiation Characteristics of Step Discontinuity in a Double Negative (DNG) Slab Waveguide Operating in the Evanescent Surface Mode[J]. Microwave and Optical Technology Letters，2006，48(6)：1085－1088.

[41] WU B L，GRZEGORCZYK T M，ZHANG Y，et al. Guided Modes with Imaginary Transverse Wave Number in a Slab Waveguide with Negative Permittivity and Permeability[J]. Journal of Applied Physics，2003，93(11)：9386－9388.

[42] SHADRIVOV I V，SUKHORUKOV A A，KIVSHAR Y S. Guided Modes in Negative-Refractive-Index Waveguides[J]. Physical Review E，2003，67：057602.

[43] HOU L L，CHIN J Y，YANG X M，et al. Advanced Parameter Tetrievals for Metamaterial Slabs Using an Inhomogeneous Model[J]. Journal of Applied Physics，2008，103：064904.

[44] SMITH D R，SCHULTZ S，MARKOS P，et al. Determination of Effective Permittivity and Permeability of Metamaterials from Reflection and Transmission Coefficients [J]. Physical Review B，2002，65：195104.

[45] LERAT J M，MALLéJAC N，ACHER O. Determination of the Effective Parameters of a Metamaterial by Field Summation Method[J].

Journal of Applied Physics，2006，100:084908.

[46] KOSCHNY T，KAFESAKI M，ECONOMOU E N，et al. Effective Medium Theory of Left-Handed Materials[J]. Physical Review Letters，2004，93(10):107402.

[47] ALEXOPOULOS N G，KYRIAZIDOU C A，CONTOPANAGOS H F. Effective Parameters for Metamorphic Materials and Metamaterials Through a Resonant Inverse Scattering Approach[J]. IEEE Transactions on Microwave Theory and Techniques，2007，55(2):254 - 267.

[48] CHENG Q，CUI T J. Lateral Shifts of Optical Beams on the Interface of Anisotropic Metamaterial[J]. Journal of Applied Physics，2006，99: 066114.

[49] LAM V D，KIM J B，LEE S J，et al. Left-Handed Behavior of Combined and Fishnet Structures[J]. Journal of Applied Physics，2008，103:033107.

[50] KATS A V，SAVEL'EV S，YAMPOL'SKII V A，et al. Left-Handed Interfaces for Electromagnetic Surface Waves[J]. Physical Review Letters，2007，98:073901.

[51] SUI Q，LI F. Experimental Study of Composite Medium with Simultaneously Negative Permeability and Permittivity[J]. Science in China Ser G Physics and Astronomy，2004，47(1):64 - 78.

[52] ZIOLKOWSKI R W. Design，Fabrication，and Testing of Double Negative Metamaterials[J]. IEEE Transactions on Antennas and Propagation，2003，51(7):1516 - 1529.

[53] ZHAO X P，ZHAO Q，SONG J，et al. Defect Effect of Split Ring Resonators in Left-Handed Metamaterials[J]. Physics Letters A，2005，346:87 - 91.

[54] 刘亚红，宋娟，罗春荣，等. 垂直入射条件下厚金属环结构的负磁导率与左手材料行为[J]. 物理学报，2008，57(2):934 - 939.

[55] ZHANG F L，LIU Q，WANG Y W，et al. Behaviour of Hexagon Split Ring Resonators and Left-Handed Metamaterials[J]. Chinese Physics Letters，2004，21(7):1330 - 1332.

[56] SIMOVSKI C R，SAUVIAC B. Role of Wave Interaction of Wires and Split-Ring Resonators for the Losses in a Left-Handed Composite[J].

Physical Review E, 2004, 70: 046607.

[57] MARQUÉSR, MARTEL J, MESA F, et al. Aew 2-D Isotropic Left-Handed Metamaterial Design: Theory and Experiment[J]. Microwave and Optical Technology Letters, 2002, 36:405 – 408.

[58] RAN L X, HUANGFU J T, CHEN H S, et al. Beam Shifting Experiment for the Characterization of Left-Handed Properties[J]. Journal of Applied Physics, 2004, 95(5):2238 – 2241.

[59] HUANGFU J T, RAN L X, CHEN H S, et al. Experimental Confirmation of Negative Refractive Index of a Metamaterial Composed of Omega-Like Metallic Patterns[J]. Applied Physics Letters, 2004, 84 (9):1537 – 1539.

[60] RAN L X, ZHANG X M, CHEN K S, et al. Left-Handed Metamaterial and Its Experimental Verifications[J]. Chinese Science Bulletin, 2003, 48(13):1325 – 1327.

[61] Ran L X, HUANGFU J T, CHEN H S, et al. Microwave Solid-State Left-Handed Material with a Broad Bandwidth and an Ultralow Loss [J]. Physical Review B, 2004, 70: 073102.

[62] CHEN H S, RAN L X, HUANGFU J T, et al. Left-Handed Materials Composed of Only S-Shaped Resonators[J]. Physical Review E, 2004, 70: 057605.

[63] CHEN H S, RAN L X, HUANGFU J T, et al. Negative Refraction of a Combined Double S-Shaped Metamaterial[J]. Applied Physics Letters, 2005, 86:151909.

[64] 陈红胜. 异向介质等效电路理论及实验的研究[D]. 杭州：浙江大学, 2005.

[65] WANG D, RAN L X, WU B I, et al. Multi-Frequency Resonator Based on Dual-Band S-Shaped Left-Handed Material[J]. Optics Express, 2006, 14(25):12284 – 12294.

[66] ZHANG J J, CHEN H S, RAN L X, et al. Experimental Characterization and Cell Interactions of a Two-Dimensional Isotropic Left-Handed Metamaterial[J]. Applied Physics Letters, 2008, 92:084108.

[67] SCHURIG D, MOCK J J, SMITH D R. Electric Field Coupled Resonators for Negative Permittivity Metamaterials[J]. Applied Physics

Letters，2006，88：041109.

[68] SCHURIG D，MOCK J J，JUSTICE B J，et al. Metamaterial Electromagnetic Cloak at Microwave Frequencies[J]. Science，2006，314：977 - 980.

[69] PENDRY J B，SCHURIG D，SMITH D R. Controlling Electromagnetic Fields[J]. Science，2006，312：1780-1782..

[70] CUMMER S A，POPA B I，SCHURIG D，et al. Full-Wave Simulations of Electromagnetic Cloaking Structures[J]. Physical Review E，2006，74：036621.

[71] BAENA J D，MARQUÉS R，MEDINA F. Artificial Magnetic Metamaterial Design by Using Spiral Resonators[J]. Physical Review B，2004，69(1)：014402.

[72] YAO H Y，LI L W，WU Q Q，et al. Macroscopic Performance Analysis of Metamaterials Synthesized from Microscopic 2-D Isotropic Cross Split Ring Resonator Array[J]. Progress in Electromagnetics Research，2005，51：197 - 217.

[73] HOLLOWAY C L，KUESTER E. A Double Negative Composite Medium Composed of Magneto-Dielectric Spherical Particles Embedded in a Matrix[J]. IEEE Ant wirel Propag Lett，2003，51：2596 - 2603.

[74] VENDIK I，VENDIK O，KOLMAKOV I，et al. Modelling of Isotropic Double Negative Media for Microwave Applications [J]. Opto-Electronics Review，2006，14(3)：179 - 186.

[75] IYER A K，ELEFTHERIADES G V. NegativeRefractive Index Metamaterials Supporting 2-D Waves[J]. IEEE-MTT Int'l Symp，2002，2：412 - 415.

[76] GRBIC A，ELEFTHERIADES G V. Experimental Verification of Backward-Wave Radiation from a Negative Refractive Index Metamaterial[J]. Journal of Applied Physics，2002，92：5930 - 5935.

[77] ELEFTHERIADES G V，IYER A K，KREMER P C. Planar Negative Refractive Index Media Using Periodically *L-C* Loaded Transmission Lines[J]. IEEE Transactions on Microwave Theory and Techniques，2002，50(12)：2702 - 2712.

[78] ELEFTHERIADES G V，SIDDIQUI O，IYER A K. Transmission Line Models for Negative Refractive Index Media and Associated Im-

plementations without Excess Resonators[J]. IEEE Microwave and Wireless Component Letters, 2003, 13(2):51 − 53.

[79] GRBIC A, ELEFTHERIADES G V. A Backward-Wave Antenna Based on Negative Refractive Index *L-C* Networks[C]//Proc IEEE-AP-S USNC/UR-SI National Radio Science Meeting, San Antonio:2002.

[80] IYER A K, KREMER P C, ELEFTHERIADES G V. Experimental and Theoretical Verification of Focusing in a Large, Periodically Loaded Transmission Line Negative Refractive Index Metamaterial[J]. Optics Express, 2003, 11(7):696 − 708.

[81] OLINER A A. A Periodic-Structure Negative-Refractive-Index Medium without Resonant Elements [C]//URSI Digest, IEEE-AP-S USNC/URSI National Radio Science Meeting, San Antonio: 2002.

[82] OLINER A A. A Planar Negative-Refractive-Index Medium without Resonant Elements[C]//IEEE-MTT Int'l Symp, Philadelphia: 2003.

[83] SANADA A, CALOZ C, ITOH T. Planar Distributed Structures with Negative Refractive Index[J]. IEEE Transactions on Microwave Theory and Techniques, 2004, 52(4):1252 − 1263.

[84] CALOZ C, ITOH T. Transmission Line Approach of Left-Handed (LH) Materials and Microstrip Implementation of an Artificial LH Transmission Line[J]. IEEE Transactions on Antennas and Propagation, 2004, 52(5):1159 − 1166.

[85] CALOZ C, LIN I H, ITOH T. Characteristics and Potential Applications of Nonlinear Left-Handed Transmission Lines[J]. Microwave and Optical Technology Letters, 2004, 40:471 − 473.

[86] CALOZ C, ITOH T. Application of The Transmission Line Theory of Left-Handed (LH) Materials to the Realization of a Microstrip "LH Line" [C]//Proc IEEE-AP-S USNC/URSI National Radio Science Meeting, San Antonio: 2002.

[87] LEE C, LEONG K M K H, ITOH T. A Broadband Microstrip-to-CPS Transition Using Composite Right/left-handed Transmission Lines with an Antenna Application [C]//IEEE-MTT Int'l Symp, Long Beach: 2005.

[88] CALOZ C, OKABE H, IWAI T, et al. Anisotropic PBG Surface and

Its Transmission Line Model[C]// URSI Digest，IEEE-AP-S USNC/ URSI National Radio Science Meeting，San Antonio：2002.

[89] SO P P M, DU H L, HOEFER W J R. Modeling of Metamaterials with Negative Refractive Index Using 2-D Shunt and 3-D SCN TLM Networks[J]. IEEE Transactions on Microwave Theory and Techniques, 2005, 53(4)：1496 – 1505.

[90] CALOZ C, ITOH T. NovelMicrowave Devices and Structures Based on the Transmission Line Approach of Meta-materials[C]// IEEE-MTT Int'l Symp, Philadelphia：2003.

[91] LAI A, CALOZ C, ITOH T. Composite Right/Left-Handed Transmission Line Metamaterials[J]. IEEE Microwave Magazine, 2004, 5(3)：34 – 50.

[92] SANADA A, CALOZ C, ITOH T. Characteristics of the Composite Right/Left-Handed Transmission Lines [J]. IEEE Microwave and Wireless Components Letters, 2004, 14(2)：68 – 70.

[93] CALOZ C, ITOH T. Electromagnetic Metamaterials：Transmission Line Theory and Microwave Applications[M]. New Jersey：John Wiley & Sons, Inc, 2006.

[94] LIN I H, DEVINCENTIS M, CALOZ C, et al. Arbitrary Dual-Band Components Using Composite Right/Left-Handed Transmission Lines [J]. IEEE Transactions on Microwave Theory and Techniques, 2004, 52(4)：1142 – 1149.

[95] ELEFTHERIADES G V. A Generalized Negative-Refractive-Index Transmission-Line (NRI-TL) Metamaterial for Dual-Band and Quad-Band Applications[J]. IEEE Microwave and Wireless Components Letters, 2007, 17(6)：415 – 417.

[96] NGUYEN H V, CALOZ C. Metamaterial-Based Dual-Band Six-Port Front-End for Direct Digital QPSK Transceiver[C]// IEEE MELE-CON 2006, Benalmádena：2006.

[97] OKABE H, CALOZ C, ITOH T. A Compact Enhanced-Bandwidth Hybrid Ring Using an Artificial Lumped-Element Left-Handed Transmission-Line Section[J]. IEEE Transactions on Microwave Theory and Techniques, 2004, 52(3)：798 – 804.

[98] MONTI G, TARRICONE L. Reduced-Size Broadband CRLH-ATL Rat-Race Couple[C]// Proceedings of the 36th European Microwave Conference, Manchester: 2006.

[99] ANTONIADES M A, ELEFTHERIADES G V. A Broadband Series Power Divider Using Zero-Degree Metamaterial Phase-Shifting Lines [J]. IEEE Microwave and Wireless Components Letters, 2005, 15 (11):808 - 810.

[100] HORII Y, CALOZ C, ITOH T. Super-Compact Multilayered Left-Handed Transmission Line and Diplexer Application [J]. IEEE Transactions on Microwave Theory and Techniques, 2005, 53(4): 1527 - 1534.

[101] MAO S G, CHUEH Y Z. Broadband Composite Right/Left-Handed Coplanar Waveguide Power Splitters with Arbitrary Phase Responses and Balun and Antenna Applications[J]. IEEE Transactions on Antennas and Propagation, 2006, 54(1):243 - 250.

[102] MAO S G, CHEN S L. Characterization and Modeling of Left-Handed Microstrip Lines with Application to Loop Antennas[J]. IEEE Transactions on Antennas and Propagation, 2006, 54 (4): 1084 -1091.

[103] TONG W, CHUA H S, HU Z R, et al. Fully Integrated Broadband CPW Left-Handed Metamaterials Based on GaAs Technology for RF/ MMIC Applications[J]. IEEE Microwave and Wireless Components Letters, 2007, 17(8):592 - 594.

[104] ANTONIADES M A, ELEFTHERIADES G V. Compact, Linear, Lead/Lag Metamnaterial Phase Shifters for Broadband Applications [J]. IEEE Antennas and Wireless Propagation Letters, 2003, 2(7): 103 - 106.

[105] ABDALLA M A Y, PHANG K, ELEFIHERIADES G V. A 0. 13-pim CMOS Phase Shifter Using Tunable Positive/Negative Refractive Index Transmission Lines[J]. IEEE Microwave and Wireless Components Letters, 2006, 16:705 - 707.

[106] GIL M, BONACHE J, GARCÍA J, et al. Composite Right/Left-Handed Metamaterial Transmission Lines Based on Complementary

Split-Rings Resonators and Their Applications to Very Wideband and Compact Filter Design[J]. IEEE Transactions on Microwave Theory and Techniques, 2007, 55(6):1296 - 1304.

[107] GIL M, BONACHE J, GIL I, et al. Artificial Left-Handed Transmission Lines for Small Size Microwave Components: Application to Power Dividers[C]// 2006 EuMA, Manchester: 2006.

[108] FALCONE F, LOPETEGI T, LASO M A G, et al. Babinet Principle Applied to the Design of Metasurfaces and Metamaterials[J]. Physical Review Letters, 2004, 93(19): 197401.

[109] GIL M, BONACHE J, SELGA J, et al. Broadband Resonant-Type Metamaterial Transmission Lines[J]. IEEE Microwave and Wireless Components Letters, 2007, 17(2):97 - 99.

[110] BONACHE J, GIL M, GIL I, et al. On the Electrical Characteristics of Complementary Metamaterial Resonators[J]. IEEE Microwave and Wireless Components Letters, 2006, 16(10):543 - 545.

[111] LIM S, CALOZ C, ITOH T. Metamaterial-Based Electronically Controlled Transmission-Line Structure as a Novel Leaky-Wave Antenna with Tunable Radiation Angle and Beamwidth[J]. IEEE Transactions on Microwave Theory and Techniques, 2005, 53(1):161 - 173.

[112] SANADA A, KIMURA M, AWAI I, et al. A Planar Zeroth-Order Resonator Antenna Using a Left-Handed Transmission Line[C]// Proceedings-European Microwave Conference, London: 2004.

[113] SANADA A, CALOZ C, ITOH T. Planar Distributed Structures with Negative Refractive Index[J]. IEEE Transactions on Microwave Theory and Techniques, 2004, 52(4):1252 - 1263.

[114] QURESHI F, ANTONIADES M A, ELEFTHERIADES G V. A Compact and Low-Profile Metamaterial Ring Antenna with Vertical Polarization[J]. IEEE Antennas and Wireless Propagation Letters, 2005, 4:333 - 336.

[115] ELEFIHERIADES G V, GRBIC A, ANTONIADES M. Negative-Refractive-Index Metamaterials and Enabling Electromagnetic Applications[C]// 2004 IEEE International Symposium on Antennas and Propagation Digest, Monterey: 2004.

[116] ZIOLKOWSKI R W, KIPPLE A D. Application of Double Negative Materials to Increase the Power Radiated by Electrically Small Antennas[J]. IEEE Transactions on Antennas and Propagation, 2003, 51 (10):2626 – 2640.

[117] ZHANG Z X, XU S J. A Novel Feeding Network with Composite Right/Left-Handed Transmission Line for 2-Dimension Millimeter Wave Patch Arrays[C]// APMC 2005 Proceedings, Suzhou: 2005.

[118] ZHANG Z X, XU S J. A Novel Parallel-Series Feeding Network of Microstrip Patch Arrays with Composite Right/Left-Handed Transmission Line for Millimeter Wave Applications[J]. Int J Infrared Millim Waves, 2005, 26(9):1329 – 1341.

[119] ELEFTHERIADES G V, ANTONIADES M A, GRBIC A, et al. Electromagnetic Applications of Negative-Refractive-Index Transmission-Line Metamnaterials[C]// 27th ESA Antenna Technology Workshop on Innovative Periodic Antennas, Santiago: 2004.

[120] ANTONIADES M A, ELEFTHERIADES G V. A Metamaterial Series-Fed Linear Dipole Array with Reduced Beam Squinting[C]// IEEE International Symposium on Antennas and Propagation, Albuquerque: 2006.

[121] AN J, WANG G M, ZHANG C X, et al. Diplexer Using Composite Right-/Left-Handed Transmission Line [J]. Electronics Letters, 2008, 44(11):685 – 687.

[122] ANTONIADES M A, ELEFTHERIADES G V. A Negative-Refractive-Index Transmission-Line (NRI-TL) Leaky-Wave Antenna with Reduced Beam Squinting[C]// IEEE International Symposium on Antennas and Propagation, Honolulu: 2007.

[123] ELEFTHERIADES G V. Enabling RF/Microwave Devices Using Negative-Refractive -Index Transmission-Line (NRI-TL) Metamaterials[J]. IEEE Antennas and Propagation Magazine, 2007, 49(2): 34 –51.

[124] 吴边, 梁昌洪, 陈亮, 等. 一种开口环缺陷地面结构复合左右手传输线 [J]. 西安电子科技大学学报(自然科学版), 2008, 35(2):254 – 257.

[125] 王素玲. 一维 Metamaterial 禁带性质的定性分析[J]. 现代雷达,

2008，30(1):70－73.

[126] 武明峰，孟繁义，傅佳辉，等. 新型小型化的平面左手介质微带线及其后向波特性验证[J]. 物理学报，2008，57(2):822－826.

[127] 朱旗，吴磊，徐善驾. 基于左手传输线的双线极化微带阵列天线[J]. 电波科学学报，2007，22(3):359－364.

[128] 李海洋，张冶文，王蓬春，等. 基于谐振结构的左右手传输线的奇异传输性质[J]. 物理学报，2007，56(11):6480－6485.

[129] 王政平，马杰，张振辉. 异向介质研究进展[J]. 光学与光电技术，2007，5(5):1－4.

[130] 廖承恩. 微波技术基础[M]. 西安：西安电子科技大学出版社，1994.

[131] CALOZ C, SANADA A, ITOH T. A Novel Composite Right/Left-Handed Coupled-Line Directional Coupler with Arbitrary Coupling Level and Broad Bandwidth[J]. IEEE Transactions on Microwave Theory and Techniques，2004，52(3):980－992.

[132] ELEFTHERIADES G V. A Generalized Negative-Refractive-Index Transmission-Line (NRI-TL) Metamaterial for Dual-Band and Quad-Band Applications[J]. IEEE Microwave and Wireless Components Letters，2007，17(6):415－417.

[133] CALOZ C, ITOH T. Positive/Negative Refractive Index Anisotropic 2-D Metamaterials[J]. IEEE Microwave and Wireless Components Letters，2003，13:547－549.

[134] 怀特. 微波半导体控制电路[M]. 王晦光，黎安尧，译. 北京：科学出版社，1983.

[135] 顾其诤，项家桢，袁孝康. 微波集成电路设计[M]. 北京：人民邮电出版社，1978.

[136] KHOLODNYAK D, SEREBRYAKOVA E, VENDIK I, et al. Broadband Digital Phase Shifter Based on Switchable Right- and Left-Handed Transmission Line Sections[J]. IEEE Microwave and Wireless Components Letters，2006，16(5):258－260.

[137] KUYLENSTIERNA D, VOROBIEV A, LINNÉR P, et al. Composite Right/Left Handed Transmission Line Phase Shifter Using Ferroelectric Varactors[J]. IEEE Microwave and Wireless Components Letters，2006，16(4):167－169.

[138] CARRIER J P, SKRIVERVIK A K. Composite Right/Left-Handed Transmission Line Metamaterial Phase Shifters (MPS) in MMIC Technology[J]. IEEE Transactions on Microwave Theory and Techniques, 2006, 54(4):1582 - 1589.

[139] RUSSELL K J. Microwave Power Combining Techniques[J]. IEEE Transactions on Microwave Theory and Techniques, 1979, 27: 472 -478.

[140] WILKINSON E J. An N-way Hybrid Power Divider[J]. IRE Trans Microwave Theory Tech, 1960, 8:116 - 118.

[141] 李伟. 移动通信手持机中双工器的研制[J]. 微波与卫星通信, 1996 (1):34 - 37.

[142] 周依林, 孙晓伟. 集成 900MHz 陶瓷介质滤波器的实现[J]. 通信学报, 1996(3): 116 - 120.

[143] 唐敏, 肖雪. SAW 滤波器的市场前景及发展趋势[J]. 今日电子, 2000 (10): 31 - 32.

[144] 牛家晓. 谐振式左手传输线结构及其应用研究[D]. 上海:上海交通大学, 2007.

[145] CHEN H S, RAN L X, HUANGFU J T, et al. Equivalent Circuit Model for Left-Handed Metamaterials[J]. Journal of Applied Physics, 2006, 100(2):024915.

[146] FALCONE F, LOPETEGI T, BAENA J D, et al. Effective Negative-ε Stopband Microstrip Lines Based on Complementary Split Ring Resonators[J]. IEEE Microwave and Wireless Components Letters, 2004, 14(6):280 - 282.

[147] XU Y, ALPHONES A. Propagation Characteristics of Complementary Split Ring Resonator (CSRR) Based EBG Structure[J]. Microwave and Optical Technology Letters, 2005, 47(5):409 - 412.

[148] WU H W, WENG M H, SU Y K, et al. Propagation Characteristics of Complementary Split Ring Resonator for Wide Bandgap Enhancement in Microstrip Bandpass Filter[J]. Microwave and Optical Technology Letters, 2007, 49(2):292 - 295.

[149] GIL M, BONACHE J, GIL I, et al. On the Transmission Properties of Left-Handed Microstrip Lines Implemented by Complementary

Split Ring Resonators[J]. Int J Numer Model, 2006, 19: 87-103.

[150] BONACHE J, FALCONE F, BAENA J D, et al. Application of Complementary Split Rings Resonators to the Design of Compact Narrow Band Pass Structure in Microstrip Technology[J]. Microwave and Optical Technology Letters, 2005, 46:508-512.

[151] 毛钧杰. 微波技术与天线[M]. 北京：科学出版社，2006.

[152] 张前悦. 毫米波定向/全向圆极化天线阵研究[D]. 西安：空军工程大学，2008.

[153] 汪茂光，吕善伟，刘瑞祥. 阵列天线分析与综合[M]. 成都：电子科技大学出版社，1989.

[154] 藤本共荣，詹姆斯. 移动天线系统手册[M]. 北京：人民邮电出版社，1997.

[155] 倪笃勋. 毫米波全向圆极化天线[J]. 电子对抗，1992，2:50-53.

[156] KLOPACH R T, BOHAR J. Broadband Circularly Polarized Omnidirectional Antenna：US, 3656166[P]. 1972-06-05.

[157] SAKAGUCHI K, HASEBE N. A Circularly Polarized Omni-Directional Antenna[D]. Tokyo：Nihon University，2005.

[158] 薄云飞，刘洛琨. 全向圆极化天线的V型振子阵设计[J]. 电波科学学报，2001，16(2)：182-184.

[159] IWASAKI H, CHIBA N. Circularly Polarized Back-to-Back Microstrip Antenna with an Omni-Directional Pattern[J]. IEE Proc Microwave antennas Propagation, 1999, 146(4):277-281.

[160] 张前悦，王光明，李兴成. 一种全向圆极化微带天线[J]. 现代电子技术，2007，30(5):101-102.

[161] 沈丽英，卿显明，曾华新. 宽带圆极化微波电视全向发射天线[J]. 广播与电视技术，1994，21(4):23-25.

[162] SANADA A, CALOZ C, ITOH T. Novel Zeroth-Order Resonance in Composite Right/Left- Handed Transmission Line Resonators[C]// Proc Asia-Pacific Microwave Conf, Seoul：2003.

[163] ELEFTHERIADES G V, ISLAM R. Enabling RF/Microwave Devices and Antennas Using Negative-Refractive-Index Transmission-Line (NRI-TL) Metamaterials[C]// IEEE 2007 Loughborough Antennas and Propagation Conference, Loughborough：2007.

［164］LEE J G，LEE J H. Zeroth Order Resonance Loop Antenna［J］.
　　　　IEEE Transactions on Antennas and Propagation，2007，55（3）：
　　　　994 -997.

［165］LAI A，LEONG K M K H，ITOH T. Infinite Wavelength Resonant
　　　　Antennas with Monopolar Radiation Pattern Based on Periodic Struc-
　　　　tures［J］. IEEE Transactions on Antennas and Propagation，2007，55
　　　　（3）：868 - 876.

［166］SIEVENPIPER D，ZHANG L，BROAS F J，et al. High-Imped-
　　　　ance Electromagnetic Surfaces with a Forbidden Frequency Band［J］.
　　　　IEEE Transactions on Microwave Theory and Techniques，1999，47：
　　　　2059 - 2074.